Korrosiver Einfluss von Begleitstoffen im abgetrennten CO_2 aus Kraftwerksprozessen auf Pipeline- und Verdichterwerkstoffe

Korrosiver Einfluss von Begleitstoffen im abgetrennten CO_2 aus Kraftwerksprozessen auf Pipeline- und Verdichterwerkstoffe

Vom Promotionsausschuss der
Technischen Universität Hamburg-Harburg
zur Erlangung des akademischen Grades
Doktor Ingenieur (Dr.-Ing.)
genehmigte Dissertation

von

Benedikt Paschke

aus
Berlin

2013

Bibliografische Information der Deutschen Nationalbibliothek
Die Deutsche Nationalbibliothek verzeichnet diese Publikation in der Deutschen Nationalbibliografie; detaillierte bibliografische Daten sind im Internet über http://dnb.d-nb.de abrufbar.
1. Aufl. - Göttingen : Cuvillier, 2013
Zugl.: (TU) Hamburg-Harburg, Univ., Diss., 2013

978-3-95404-411-5

1. Gutachter	Prof. Dr.-Ing. A. Kather
2. Gutachter	Prof. Dr.-Ing. R. Eggers
Prüfungsausschussvorsitzender	Prof. Dr.-Ing. G. Schmitz
Tag der mündlichen Prüfung	12. April 2013

Nonnenstieg 8, 37075 Göttingen
Telefon: 0551-54724-0
Telefax: 0551-54724-21
www.cuvillier.de

1. Auflage, 2013
Gedruckt auf säurefreiem Papier

978-3-95404-411-5

Danksagung

Die vorliegende Arbeit entstand während meiner Tätigkeit als wissenschaftlicher Mitarbeiter am Institut für Energietechnik der Technischen Universität Hamburg-Harburg.

Als erstes möchte ich an dieser Stelle Herrn Prof. Dr.-Ing. A. Kather für die unvergessliche Zeit an seinem Institut und die Möglichkeit zur Promotion danken. Besonders bedanke ich mich für die enge Betreuung und die hervorragende Unterstützung. Prof. Dr.-Ing. R. Eggers sei für die Übernahme des Koreferats und Prof. Dr.-Ing. G. Schmitz für die Übernahme des Prüfungsvorsitzes von ganzem Herzen gedankt.

Den Mitarbeitern, die mich während meiner Zeit am Institut begleitet haben, danke ich für die fachliche Unterstützung, aber vor allem für die herausragende Atmosphäre am Institut und für die vielen Freundschaften, die ich knüpfen konnte. Ich freue mich, dass der Kontakt auch nach dem Ausscheiden aus dem Institut noch so eng ist, und hoffe, dies für die Zukunft bewahren und noch viel mit Euch erleben zu können.

Ganz besonderer Dank geht an Günther Garbe und Ralph Gehlsen-Lorenzen für die tatkräftige Unterstützung beim Aufbau des Versuchsstandes. Meiner langjährigen studentischen Hilfskraft Dimitri Aschenbrenner danke ich für die gute Zusammenarbeit und seine besondere Belastbarkeit in Situationen unter hohem Druck.

Abschließend möchte ich mich bei meiner Familie, allen voran meinen Eltern und meiner Frau, dafür bedanken, dass sie mich immer unterstützt und ermutigt haben.

Hamburg, 2013

Benedikt Paschke

Inhaltverzeichnis

Abbildungsverzeichnis ..... **VII**

Tabellenverzeichnis ..... **XII**

Abkürzungs- und Symbolverzeichnis ..... **XIII**

1 Einleitung **1**

1.1 Problemstellung 2
1.2 Motivation und Ziele der Arbeit 4
1.3 Vorgehensweise 4

2 Stand des Wissens **7**

2.1 CO_2-Abtrennungsverfahren und CO_2-Begleitstoffe 7
2.1.1 Oxyfuel 7
2.1.2 Post-Combustion 13
2.1.3 Pre-Combustion 17
2.2 CO_2-Transport 19
2.3 Korrosion 20
2.3.1 Säurekorrosion 23
2.3.2 Sauerstoffkorrosion 24
2.3.3 Das Rosten des Eisens in Wasser 24
2.3.4 Atmosphärische Korrosion 26
2.3.5 Säuretaupunktkorrosion 29
2.3.6 Passivität 29
2.3.7 Lochkorrosion 30
2.3.8 Literaturüberblick zur Korrosion in überkritischem CO_2 31

3 Anlagenaufbau und Messtechnik **37**

3.1 Aufbau und Funktion des Versuchsstands 37
3.2 Messtechnische Ausrüstung 40
3.2.1 Temperaturmessung 40
3.2.2 Druckmessung 40
3.2.3 Messung der Massendifferenz 41
3.2.4 Gasanalyse 41
3.2.5 Erfassung der Versuchsparameter 43

4 Versuchsprogramm und –durchführung ... 45

4.1 Versuchsprogramm ... 45

4.2 Versuchsdurchführung ... 47

4.2.1 Befüllungsvorgang der Autoklaven ... 48

4.2.2 Experimentelle Randbedingungen ... 52

4.2.3 Ermittlung der Korrosionsraten ... 53

5 Vorstellung und Diskussion der Ergebnisse ... 55

5.1 Validierung des Gasmischungsverfahrens ... 55

5.2 Ergebnisse in CO_2-gesättigtem Wasser ... 58

5.3 Ergebnisse mit gelöstem Wasserdampf unter Oxyfuel-Bedingungen ... 63

5.3.1 Ergebnisse im Autoklav mit Sichtfenstern ... 64

5.3.2 Analyse der Oxidschichten ... 68

5.3.3 Korrosionsmechanismus in sauerstoffhaltiger Atmosphäre ... 72

5.3.4 Säuretaupunkte in überkritischem CO_2 ... 75

5.3.5 Ergebnisse der Versuche mit Oxyfuel-Fluidgemischen ... 78

5.3.6 Zeitlicher Korrosionsverlauf ... 88

5.4 Ergebnisse der Versuche unter Post-Combustion-Bedingungen ... 90

5.4.1 Einflüsse von MEA ... 92

5.5 Ergebnisse unter Pre-Combustion-Bedingungen ... 93

5.5.1 Vergleich mit den unter Oxyfuel-Bedingungen gewonnenen Erkenntnissen ... 96

5.5.2 Einfluss von H_2S ... 96

5.6 Messgenauigkeit ... 96

6 Auswirkungen der Ergebnisse auf die Abtrennungsverfahren ... 99

6.1 Oxyfuel ... 99

6.2 Post-Combustion ... 103

6.3 Pre-Combustion ... 103

7 Zusammenfassung ... 105

Literaturverzeichnis ... 109

A. Anhang ... 117

Abbildungsverzeichnis

Abbildung 1: Vereinfachtes Schema des Oxyfuel-Prozesses mit partieller Kondensation zur Erhöhung der CO_2-Reinheit, nach [7] 8

Abbildung 2: Vereinfachtes Schema des Rauchgaspfades eines Kraftwerkes mit CO_2-Abtrennung 13

Abbildung 3: Schema einer CO_2-Wäsche mit chemischer Absorption nach [17] 14

Abbildung 4: Vereinfachte schematische Darstellung eines IGCC mit CO_2-Abtrennung 18

Abbildung 5: Graphische Darstellung des Rostens von Eisen 25

Abbildung 6: Modell der atmosphärischen Korrosion unter Anwesenheit von Schwefel nach [36], [37] 27

Abbildung 7: Abzehrung von Tiefzieh-Stahlblech als Funktion der Zeit im Feuchtlagergerät über Wasser (ausgefüllte Kreise) und in Gegenwart von Schwefeldioxid (nicht ausgefüllte Kreise) nach [39] 28

Abbildung 8: Oxidschicht auf einem Kohlenstoffstahl nach 10-tägiger Auslagerung in einem CO_2-reichen Fluidgemisch mit Begleitstoffkonzentrationen von 500 ppmw Wasserdampf und 500 ppmw NO_2 [61] 35

Abbildung 9: Foto des Korrosionsversuchsstands 39

Abbildung 10: Foto des Autoklavs 4 mit Sichtfenstern 39

Abbildung 11: Dichte als Funktion des Drucks, aufgetragen für reines CO_2 und ein Fluidgemisch aus 4,7 Vol.-% O_2 und CO_2 bei 60 °C 49

Abbildung 12: Schematische Darstellung des Versuchsstands mit Nummerierung der Ventile 51

Abbildung 13: Analyse eines Fluidgemisches direkt nach der Befüllung 57

Abbildung 14: Analyse eines Fluidgemisches 12 h nach der Befüllung 57

Abbildung 15: a) Foto einer 1.0582 Probe vor dem Versuch, b) Foto derselben Probe nach einwöchiger Auslagerung in 300 ml Wasser in einem Fluidgemisch des Oxyfuel-Szenarios Zero-Emission, c) Foto einer 1.0582 Probe nach einwöchiger Auslagerung in 300 ml Wasser in einem Fluidgemisch des Oxyfuel-Szenarios Zero-Emission, bei der O_2 durch CO_2 substituiert wurde 59

Abbildung 16: Foto einer a) 1.4006 Probe, einer b) 1.4313 Probe, einer c) 1.4542 Probe und einer d) 3.7165 Probe nach einwöchiger Auslagerung in 30 ml Wasser in einem Fluidgemisch des Oxyfuel-Szenarios Zero-Emission 60

Abbildung 17: Korrosionsraten der Kompressorwerkstoffe nach einwöchiger Auslagerung in 30 ml Wasser in einem Fluidgemisch des Oxyfuel-Szenarios Zero-Emission 61

Abbildung 18: Fotos a) einer 1.4006 Probe, b) einer 1.4313 Probe, c) einer 1.4542 Probe und d) einer 3.7165 Probe nach einwöchiger Auslagerung in 30 ml Säuregemisch aus Salpeter- und Schwefelsäure mit einem pH-Wert ca. null unter einer Atmosphäre aus CO_2 und 4,7 Vol.-% O_2 bei 100 bar und 25 °C 62

Abbildung 19: Korrosionsraten der Kompressorwerkstoffe nach einwöchiger Auslagerung in 30 ml Säuregemisch aus Salpeter- und Schwefelsäure mit einem pH-Wert von ca. null unter einer Atmosphäre aus CO_2 und 4,7 Vol.-% O_2 bei 100 bar und 25 °C 63

Abbildung 20: Fotos einer 1.0582 (L360NB) Probe, ausgelagert in einer CO_2/Wasserdampf-Mischung mit Zugabe eines weiteren Begleitstoffs nach jeweils 24 Stunde. Nach Zugabe aller Begleitstoffe entsprach das Fluidgemisch dem Oxyfuel-Szenario Zero-Emission 65

Abbildung 21: Fotos einer 1.0582 Probe ausgelagert in einem Fluidgemisch aus CO_2 + 1000 ppm H_2O + 4,7 Vol.-% O_2 und 100 ppm NO 65

Abbildung 22: Fotos einer 1.0582 Probe ausgelagert, in einem Fluidgemisch aus N_2 + 1000 ppm H_2O + 4,7 Vol.-% O_2 + 100 ppm SO_2 und 100 ppm NO (Versuch 9) ... 68

Abbildung 23: EDX-Analyse der Oxidschicht einer 1.0582 Probe nach einwöchiger Auslagerung in einem Fluidgemisch des Oxyfuel-Szenarios Zero-Emission mit 1000 ppm Wasserdampf ... 69

Abbildung 24: REM-Aufnahme der Oxidschicht einer 1.0582 Probe nach einwöchiger Auslagerung in einem Fluidgemisch des Oxyfuel-Szenarios Zero-Emission mit 1000 ppm Wasserdampf ... 70

Abbildung 25: XRD-Analyse der Oxidschicht einer 1.0582 Probe nach einwöchiger Auslagerung in einem Fluidgemisch des Oxyfuel-Szenarios Zero-Emission mit 1000 ppm Wasserdampf ... 70

Abbildung 26: Lichtmikroskopaufnahme der Oxidschicht einer 1.0582 Probe nach einwöchiger Auslagerung in einem Fluidgemisch des Oxyfuel-Szenarios Zero-Emission mit 1000 ppm Wasserdampf ... 71

Abbildung 27: Schematische Darstellung des Korrosionsmechanismus in CO_2-reichen Fluidgemischen mit O_2, H_2O, NO und SO_2 als Begleitstoffkomponenten ... 73

Abbildung 28: Werkstoffproben aus 1.0582 nach 24 Stunden in einem Fluidgemisch aus 1,5 Vol.-% Sauerstoff und CO_2 bei 60 °C und Zugabe von Schwefel- oder Salpetersäure und Wasser ... 78

Abbildung 29: Korrosionsraten in µm/a der vier Pipelinewerkstoffe nach einer Woche Auslagerung in Fluidgemischen des Szenarios Zero-Emission bei Wasserdampfgehalten zwischen 0 und 1000 ppm ... 80

Abbildung 30: Fotos von Materialproben (1.0582) nach einer Woche Versuchsdauer in Fluidgemischen des Szenarios Zero-Emission bei unterschiedlichen Wasserdampfgehalten: a) 1000 ppm H_2O, b) 600 ppm H_2O, c) 100 ppm H_2O, d) 50 ppm H_2O, e) 0 ppm H_2O ... 81

Abbildung 31: Korrosionsraten in µm/a der vier Pipelinewerkstoffe nach einer Woche Auslagerung in den Fluidgemischen der drei Oxyfuel-Szenarien mit Sauerstoffkonzentrationen zwischen 100 ppm und 4,7 Vol.-% 82

Abbildung 32: Fotos von Materialproben (1.0582) nach einer Woche Versuchsdauer in den Fluidgemischen der drei Oxyfuel-Szenarien 83

Abbildung 33: Korrosionsraten in µm/a von 1.0582 Proben in Abhängigkeit von verschiedenen Sauergaskonzentrationen 85

Abbildung 34: Korrosionsrate von 1.0582 Proben nach einer Woche Auslagerung in einem Zero-Emission Fluidgemisch mit 100 ppm H_2O in Abhängigkeit von der Temperatur 87

Abbildung 35: Foto a) einer 1.4006 Probe, b) einer 1.4313 Probe, c) einer 1.4542 Probe und d) einer 3.7165 Probe nach einwöchiger Auslagerung in einem Fluidgemisch des Oxyfuel-Szenarios Zero-Emission mit 1000 ppm H_2O bei 60 °C 88

Abbildung 36: Flächenbezogene Massenabnahme von 1.0582 Proben in mg/cm^2 in Abhängigkeit von der Versuchsdauer in h bei Auslagerung in einem Fluidgemisch des Oxyfuel-Szenarios Zero-Emission mit 1000 ppm Wasserdampfanteil 89

Abbildung 37: Korrosionsraten der vier Pipelinewerkstoffe in Abhängigkeit von der Fluidzusammensetzung der Post-Combustion-Szenarien nach einwöchiger Auslagerung bei 60 °C 91

Abbildung 38: Fotos von Proben aus 1.0582 nach einwöchiger Auslagerung in drei verschiedenen Fluidgemischen der Post-Combustion-Szenarien bei 60°C 92

Abbildung 39: Rückstände nach einem Versuch mit dem Fluidgemisch des Szenarios Post II 93

Abbildung 40: 1.0582 Probe, ausgelagert in einem Fluidgemisch des Szenarios Selexol™ mit 600 ppm Wasserdampfgehalt 95

Abbildung 41: 1.0582 Probe, ausgelagert in einem Fluidgemisch des Szenario Selexol™ mit 1000 ppm Wasserdampfgehalt 95

Abbildung 42: Berechnete Löslichkeit von Wasser in CO_2 als Funktion des Drucks und der Temperatur nach [55] 102

Tabellenverzeichnis

Tabelle 1: Darstellung der in den Experimenten untersuchten Oxyfuel-Szenarien ... 11

Tabelle 2: In den Experimenten untersuchte Post-Combustion-Szenarien ... 16

Tabelle 3: In den Experimenten untersuchte Pre-Combustion-Szenarien ... 19

Tabelle 4: Auszug aus den Spezifikationen zur CO_2-Reinheit einiger CO_2-Pipelines und Pipelinebetreibern in den USA [45], [46] ... 32

Tabelle 5: Technische Daten der vier eingesetzten Autoklaven ... 38

Tabelle 6: Auflistung der untersuchen Werkstoffe, unterteilt nach deren Einsatzgebieten ... 45

Tabelle 7: Korrosivität verschiedener Fluidgemische auf den Werkstoff 1.0582 mit 1000 ppm H_2O, 4,7 Vol.-% O_2, 50 ppm CO, 70 ppm SO_2 und 100 ppm NO als Begleitstoffe ... 67

Tabelle 8: Zusammensetzung der in der Arbeit untersuchten Werkstoffe in Gewichtsprozent mit Angabe des Minimums und Maximums; bei Angabe von nur einem Wert ist das Minimum immer 0 % nach [79] ... 117

Abkürzungs- und Symbolverzeichnis

Abkürzungen

Abkürzung	Bedeutung
ASTM	American Society for Testing and Materials
CCS	Carbon Capture and Storage
CLD	Chemilumineszensdetektion
DeNOx	Rauchgasentstickungsanlage
EDX	Energiedispersive Röntgenspektroskopie
GuD	Kombiniertes Gas- und Dampfturbinenkraftwerk
i.N., tr	Im Normzustand trocken
IGCC	Kombiprozess mit integrierter Kohlevergasung
LZA	Luftzerlegungsanlage
MEA	Monoethanolamin
REA	Rauchgasentschwefelungsanlage
REM	Rasterelektronenmikroskop
Vol.-%	Volumenprozent
XRD	Röntgendiffraktometrie

Chemische Symbole

Abkürzung	Bedeutung
Al	Aluminium
Ar	Argon
CO	Kohlenstoffmonoxid
CO_2	Kohlenstoffdioxid
COS	Carbonylsulfid

Cr	Chrom
CS_2	Kohlenstoffdisulfid
Cu	Kupfer
e	Elektronenladung
Fe	Eisen
$Fe(HSO_4)_2$	Eisenhydrogensulfat
$Fe(NO_3)_3$	Eisennitrat
$Fe(OH)_2$	Eisen(II)-hydroxid
$Fe(OH)_3$	Eisen(III)-hydroxid
Fe^{2+}	Eisen-Ion
Fe_3O_4	Magnetit
$FeCO_3$	Eisenkarbonat
FeOOH	Goethit
$FeSO_3$-$3H_2O$	Eisensulfithydrat
$FeSO_4$	Eisensulfat
H^+	Wasserstoff-Kation
H_2	Wasserstoff
H_2O	Wasser
H_2S	Schwefelwasserstoff
H_2SO_3	Schweflige Säure
H_2SO_4	Schwefelsäure
H_3O^+	Oxonium-Ion
HCL	Chlorwasserstoff
HCN	Cyanwasserstoff oder Blausäure
HF	Fluorwasserstoff
HNO_2	Salpetrige Säure

HNO_3	Salpetersäure
Me	Metall
Mo	Molybdän
N_2	Stickstoff
N_2O_4	Distickstofftetroxid
Nb	Niob
NH_3	Ammoniak
Ni	Nickel
NO	Stickstoffmonoxid
NO_2	Stickstoffdioxid
NO_3^-	Nitrat-Anion
NO_x	Stickoxide
O_2	Sauerstoff
OH^-	Hydroxidion
OH^-	Hydroxidion
pK_s	negativer dekadischer Logarithmus der Säurekonstante
SO_2	Schwefeldioxid
SO_3	Schwefeltrioxid
SO_x	Schwefeloxid
Ti	Titan
TiO_2	Titandioxid

Lateinische Symbole

Zeichen	Bedeutung	Einheit
A	Probenoberfläche	cm^2
a	Konstante	1/s

D	Dichte	g/cm^3
I	Korrosionsstrom	A
K	Gleichgewichtskonstante	-
k	Mischungskoeffizient	-
k	logarithmische Geschwindigkeitskonstante	m
T	Temperatur	K
t	Versuchsdauer	h
W	Massenverlust	g
z	Anzahl der umgesetzten Elektronen	-

1 Einleitung

Die weltweite Stromversorgung wird heutzutage hauptsächlich durch den Einsatz fossiler Energieträger sichergestellt. Im Jahre 2008 betrug der Anteil des aus fossilen Brennstoffen erzeugten Stroms 61,8 % der weltweit verbrauchten Strommenge. Besonders steht dabei der Brennstoff Kohle im Fokus, auf dessen Verbrennung 41 % der gesamten Stromerzeugung entfällt [1]. Mit der Verbrennung von fossilen Brennstoffen ist die Freisetzung von großen Mengen an CO_2 verbunden. Aufgrund des hohen Kohlenstoffanteils sind die CO_2-Emissionen bei der Verstromung von Kohle besonders hoch. Da die CO_2-Konzentration in der Atmosphäre maßgeblichen Einfluss auf den globalen Treibhauseffekt hat, wird die zu beobachtende Klimaerwärmung der letzten Jahrzehnte häufig auf die hohen anthropogenen CO_2-Emissionen zurückgeführt. Es gibt daher Bestrebungen, die CO_2-Emissionen zu senken, um die Klimaerwärmung auf ca. 2 °C gegenüber dem vorindustriellen Niveau zu beschränken. Dafür ist laut dem Intergovernmental Panel on Climate Change eine Reduktion der CO_2-Emissionen von 50 bis 85 % bis 2050, bezogen auf die Emissionen im Jahr 2000, nötig [2].

Demgegenüber stehen Prognosen, dass die globale Stromnachfrage bis 2035 jährlich um 2,2 % steigt und dass für die Bereitstellung weiterhin fossile Brennstoffe, insbesondere Kohle und Erdgas, dominieren werden [3]. Um die Reduktionsziele der CO_2-Emissionen dennoch zu erreichen, stehen prinzipiell vier Lösungswege zur Verfügung:

- Effizienzsteigerung
- Energieeinsparung
- Brennstoffshift und Nutzung regenerativer Energieträger
- CO_2-Abtrennung und –Speicherung bei Verwendung fossiler Energieträger

Unter Effizienzsteigerung wird das Bestreben verstanden, existierende Prozesse zu optimieren und über Wirkungsgradverbesserungen die Treibhausgasemissionen zu verringern. Durch Einsparmaßnahmen, wie z. B. einer verbesserten Dämmung von Wohnhäusern, soll der Energiebedarf und damit verbunden der Brennstoffeinsatz reduziert werden, um die Treibhausgasemissionen zu verringern. Als Brennstoffshift wird die Substitution von kohlenstoffreichen Brennstoffen wie Kohle durch kohlenstoffärmere Brennstoffe wie Erdgas bezeichnet. Einen weiteren Ansatz zur Emissionsminderung stellt die Abtrennung und Speicherung, engl. Carbon Capture and Storage (CCS), des CO_2 dar. Diesem letzten Ansatz ist die vorliegende Arbeit gewidmet.

Im Rahmen der CCS-Technologie werden folgende drei Technologiepfade zur Abtrennung von CO_2 unterschieden, aus denen jeweils CO_2-reiche Fluidströme mit unterschiedlicher Zusammensetzung resultieren:

- Oxyfuel-Prozess
- Post-Combustion-Verfahren
- Pre-Combustion-Verfahren

In dieser Arbeit werden Fluidströme und Fluidgemische als CO_2-reich bezeichnet, wenn sie einen CO_2-Anteil von ≥ 85 Vol.-% aufweisen. Der restliche Anteil besteht aus Begleitstoffen, die sich je nach Abtrennungstechnologie in Art und Konzentration unterscheiden. Der charakteristische Unterschied in der Zusammensetzung der CO_2-reichen Fluidströme der drei Technologiepfade besteht darin, dass beim Oxyfuel-Prozess und beim Post-Combustion-Verfahren sauerstoffhaltige, CO_2-reiche Fluidströme abgetrennt werden. Als Begleitstoffe sind z. B. SO_x, NO_x, H_2O und O_2, die unter oxidierenden Bedingungen entstehen, zu erwarten. Beim Pre-Combustion-Verfahren dagegen fallen sauerstofffreie, CO_2-reiche Fluidströme mit Begleitstoffen wie H_2S oder CH_4 an, die unter reduzierenden Bedingungen entstehen.

1.1 Problemstellung

Die CCS-Technologie macht einen Transport des CO_2 zur Speicherstätte erforderlich. Denkbar ist dabei der Transport mittels Pipeline, per Schiff oder per Lkw. Wegen der enorm großen CO_2-Mengen, die bei einem großen kohlebefeuerten Dampfkraftwerk anfallen, und der langen Distanzen ist der Pipelinetransport die ökonomisch sinnvollste Lösung. Das abgetrennte CO_2 weist je nach Abtrennungsverfahren unterschiedliche Reinheiten auf. Die im CO_2 enthaltenen Begleitstoffe variieren je nach Verfahren hinsichtlich Art und Konzentration. Es ist bekannt, dass reines, trockenes CO_2 nicht korrosiv ist [4]. Einige der enthaltenen Begleitstoffe im abgetrennten CO_2 aus Kraftwerksrauchgasen können jedoch auf die in Pipelines und Kompressoren eingesetzten Werkstoffe korrosiv wirken. Insbesondere im Bereich der Pipeline werden aus ökonomischen Gründen anstelle von hochlegierten Stählen Kohlenstoffstähle gewählt, die durchaus korrosionsanfällig sind [5]. Um die Nutzungsdauer der Pipeline abzuschätzen, ist es von zentraler Bedeutung, die Korrosivität des zu transportierenden Fluidgemisches beurteilen zu können. Dafür sind fundierte Kenntnisse über den Einfluss der Begleitstoffe auf die Korrosivität des Fluidgemisches erforderlich.

In der bisher vorliegenden Literatur sind die Einflüsse der Begleitstoffe noch nicht mit hinreichender Detailtiefe beschrieben. Dies gilt insbesondere für sauerstoffhaltige, CO_2-reiche Fluidgemische. In den USA wird bereits seit den siebziger Jahren CO_2, welches aus natürlichen Quellen und Vergasungsprozessen stammt und somit eine weitestgehend sauerstofffreie, reduzierende Atmosphäre aufweist, in Pipelines transportiert. Die Korrosivität von sauerstofffreien, CO_2-reichen Fluidgemischen ist deutlich intensiver erforscht worden als die von sauerstoffhaltigen. Zudem beschränken sich bisher veröffentlichte Untersuchungen der Korrosion von CO_2 auf Pipelinewerkstoffe hauptsächlich auf wasserdampfgesättigtes CO_2 oder CO_2 gesättigtes Wasser. Beide Fälle stellen aber nur Störfälle des normalen Betriebs dar. Der Fokus dieser Arbeit liegt daher auf Untersuchungen von CO_2-reichen Fluidgemischen mit gelöstem Wasserdampf bis maximal 1000 ppm Wasserdampfgehalt. Zudem behandeln die meisten bisher veröffentlichten Untersuchungen nur CO_2-reiche Fluidgemische mit sehr wenigen Begleitstoffen. Besonders über den Einfluss von NO_x und SO_x liegen kaum Ergebnisse vor.

1.2 Motivation und Ziele der Arbeit

Ziel dieser Arbeit ist es, die für die Korrosion kritischen Begleitstoffkomponenten im CO_2 zu identifizieren, zum Verständnis der ablaufenden Korrosionsmechanismen beizutragen und erste Abschätzungen über zu erwartende Korrosionsraten zu liefern. In dieser Arbeit werden Ergebnisse aus Korrosionsversuchen dokumentiert und bewertet. Der Fokus lag dabei auf realitätsnahen Fluidgemischen für die drei Abtrennungsverfahren. Die Versuche waren insbesondere darauf ausgerichtet, das Korrosionsverhalten von Fluidgemischen zu untersuchen, bei denen Wasser in gelöster und nicht in flüssiger Form vorliegt. Wasserdampf wird in dieser Arbeit als gelöst bezeichnet, wenn der Wasserdampfgehalt unterhalb des Sättigungsgehaltes eines Fluidgemisches liegt und somit ein einphasiges CO_2-reiches Fluidgemisch vorliegt. Als flüssiges Wasser wird in dieser Arbeit eine neben dem CO_2-reichen Fluidgemisch vorkommende zweite, wässrige Phase bezeichnet, die unter den hier betrachteten Bedingungen flüssig ist und auftritt, sobald der Wasserdampfsättigungsgehalt des CO_2-reichen Fluidgemisches überschritten wird. Die Korrosivität von flüssigem Wasser mit und ohne Berücksichtigung von O_2 als weiterer Begleitstoffkomponente im CO_2 wurde bereits in der Literatur untersucht, stellt aber nur einen Störfall im Pipelinebetrieb dar. Bei den in dieser Arbeit durchgeführten Experimenten geht es gerade darum, solche Bedingungen zum Untersuchungsgegenstand zu machen, die typische CO_2-Pipelinetransportbedingungen widerspiegeln und somit realitätsnahe Korrosionsverhältnisse mit gelöstem Wasserdampf abbilden.

Zudem sollte überprüft werden, ob die Ergebnisse der Korrosionsversuche Rückschlüsse auf die zu wählende Prozessführung der unterschiedlichen Abtrennungstechnologien zulassen.

1.3 Vorgehensweise

Um den Einfluss von Begleitstoffen im abgeschiedenen CO_2 aus Kraftwerksrauchgasen auf Pipeline- und Verdichterwerkstoffe zu untersuchen, wurde am Institut für Energietechnik der TU Hamburg-Harburg ein Versuchsstand aufgebaut. Der

Versuchsstand besteht aus vier Autoklaven, in denen Werkstoffproben für eine bestimmte Versuchsdauer in definierten Fluidgemischen ausgelagert wurden.

Um die kritischen Begleitstoffkomponenten zu identifizieren, wurden Versuche im Autoklav 4 durchgeführt, welcher über Sichtfenster verfügt. Durch die Sichtfenster konnte beobachtet werden, ob die Zugabe eines Begleitstoffs oder die Kombination mehrerer Begleitstoffe die Korrosion initialisiert. Die Sichtfenster haben es zudem ermöglicht, den Korrosionsverlauf im Hinblick auf die Geschwindigkeit der Schichtbildung und die Farbentwicklung der Korrosionsschicht zu beobachten. In den drei weiteren Autoklaven wurden zumeist einwöchige Auslagerungsversuche durchgeführt. Durch visuelle Kontrolle der Proben, Analysen der entstandenen Oxidschichten und Ermittlung der Korrosionsraten über den Massenverlust wurden kritische Begleitstoffkomponenten identifiziert und deren Auswirkung auf die Korrosionsraten untersucht. Für die drei Abtrennungstechnologien wurden dazu jeweils verschiedene Szenarien mit unterschiedlichen Fluidzusammensetzungen, in denen die Pipeline- und Kompressorwerkstoffe ausgelagert wurden, definiert.

Die ersten Versuche wurden mit Oxyfuel-Fluidgemischen durchgeführt, da das Oxyfuel-Szenario Zero-Emission die höchsten Konzentrationen an Verunreinigungen enthält. Erwies sich ein Werkstoff korrosionsresistent gegenüber dem Fluidgemisch des Oxyfuel-Szenarios Zero-Emission, so mussten keine weiteren Versuche in Fluidgemischen anderer Oxyfuel-Szenarien oder des Post-Combustion-Szenarios Post I durchgeführt werden, da diese die gleichen Begleitstoffe, jedoch in geringeren Konzentrationen, aufweisen. Für Pre-Combustion-Fluidgemische galt dies nicht, da diese andere Begleitstoffe beinhalten.

Obwohl der Fokus auf den Versuchen mit CO_2-reichen Fluidgemischen mit gelöstem Wasserdampf lag, wurden der Vollständigkeit halber einige Versuche mit flüssigem, CO_2-gesättigtem Wasser durchgeführt, um auch Störfälle in der Pipeline und in den Kompressoren zu berücksichtigen.

2 Stand des Wissens

In diesem Kapitel wird der Stand des Wissens über die CO_2-Abtrennungsverfahren und die daraus resultierenden Begleitstoffkonzentrationen im abgetrennten CO_2 beschrieben. Außerdem werden die hier relevanten Korrosionsmechanismen erläutert und die bisherigen Veröffentlichungen zu dem Thema der Korrosion infolge verunreinigten CO_2 zusammengefasst.

2.1 CO_2-Abtrennungsverfahren und CO_2-Begleitstoffe

CO_2-Abtrennung und –Speicherung kann eine effektive Maßnahme sein, um die globalen Emissionen dieses Treibhausgases zu verringern. Das bei der Verbrennung entstandene CO_2 muss dafür von den anderen Rauchgaskomponenten getrennt werden, bevor es im Erdboden gespeichert werden kann. In dieser Arbeit werden drei mögliche Technologierouten zur CO_2-Abtrennung betrachtet, bei denen CO_2 mit in Art und Konzentration unterschiedlichen Begleitstoffen anfällt. Diese drei Technologierouten werden als Oxyfuel, Post-Combustion Capture und Pre-Combustion Capture bezeichnet und werden im Folgenden genauer erläutert. Da das größte CO_2-Einsparpotential beim Brennstoff Kohle vorhanden ist, werden in dieser Arbeit ausschließlich Prozesse betrachtet, welche mit diesem Brennstoff betrieben werden.

2.1.1 Oxyfuel

Beim Oxyfuel-Prozess findet die Verbrennung der Kohle in einer Atmosphäre von fast reinem Sauerstoff und rezirkuliertem Rauchgas statt. Abbildung 1 zeigt das vereinfachte Schema eines Oxyfuel-Prozesses, bei dem die Reinheit des CO_2 mittels partieller Kondensation erhöht wird. Die Bereitstellung des fast reinen Sauerstoffs erfolgt über eine kryogene Luftzerlegungsanlage. Eine Rezirkulation von etwa 2/3 des Rauchgasmassenstroms ist nötig, da eine Verbrennung in einer reinen Sauerstoffatmosphäre zu sehr hohen Temperaturen führen würde. Das rezirkulierte Rauchgas wirkt daher als Wärmesenke, sodass sich Verbrennungstemperaturen einstellen, welche denen bei der Verbrennung in Luft ähnlich sind [6]. Der nicht rezirkulierte Teilstrom wird einer konventionellen Rauchgasreinigung, bestehend aus DeNOx, E-Filter und REA, zugeführt. Das gereinigte Rauchgas wird anschließend gekühlt und der Wasserdampfgehalt durch Auskondensation reduziert. Nach dieser Entfeuchtung weist das Rauchgas einen hohen CO_2-Gehalt auf. Der Rest besteht aus den Begleitstoffen N_2, Ar, O_2, CO, NO_x und SO_x. Es gibt noch eine Vielzahl anderer Schaltungsvarianten des Oxyfuel-Prozesses, insbesondere im Hinblick auf die Position der Rauchgasrezirkulation sowie die Position von REA und DeNOx. In dieser Arbeit wird ausschließlich die in Abbildung 1 dargestellte Schaltungsvariante untersucht.

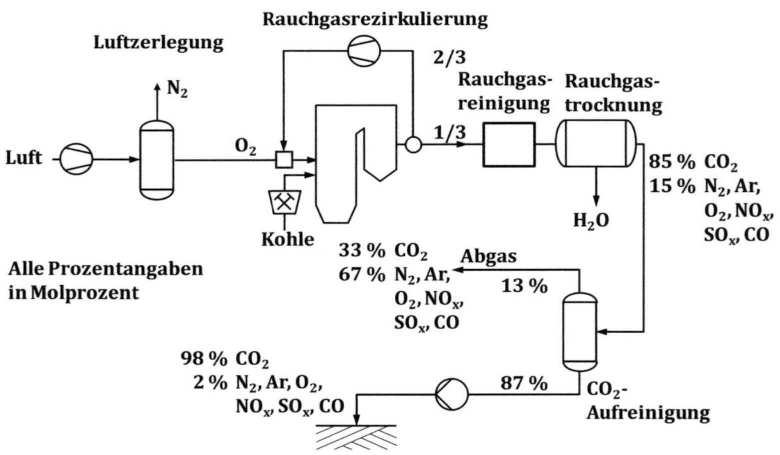

Abbildung 1: Vereinfachtes Schema des Oxyfuel-Prozesses mit partieller Kondensation zur Erhöhung der CO_2-Reinheit, nach [7]

Der Ursprung für die Begleitstoffkonzentration ist je nach Stoff unterschiedlich. Die Konzentration des bei der Verbrennung entstehenden Kohlenmonoxids ist neben anderen Verbrennungsparametern insbesondere vom Sauerstoffüberschuss abhängig. Die Höhe der SO_x- und NO_x-Konzentrationen hängen im Wesentlichen vom Schwefel- bzw. Stickstoffanteil im Brennstoff ab. Im Falle von NO_x haben zudem noch Verbrennungsparameter wie Temperatur, Sauerstoffüberschuss, Brennraumgeometrie und Rezirkulationsrate Auswirkungen auf die NO_x-Bildung.

Der fehlende Luftstickstoff, die höhere Wasserdampfkonzentration und die höhere Rauchgasdichte führen dazu, dass die CO_2-Konzentration im trockenen Rauchgas im Oxyfuel-Fall auf 85 Vol.-% erhöht wird. Verglichen mit dem Luftfall eines konventionellen Kraftwerks steigt die CO_2-Konzentration im trockenen Rauchgas daher etwa auf das 5,7-fache, wobei die auf die Feuerungsleistung bezogenen Werte konstant bleiben. Aus den gleichen Gründen wie beim CO_2 würden im Oxyfuel-Fall, bei Annahme der gleichen Reaktionsmechanismen wie im Luftfall, die Konzentrationen von SO_x, NO_x und CO ebenfalls auf das 5,7-fache steigen. In der Realität sind die Konzentrationssteigerungen von SO_x und insbesondere die von NO_x jedoch deutlich geringer. Dies liegt im Fall von NO_x in durch die Rauchgasrezirkulation begründeten geänderten Reaktionsmechanismen. Die SO_x–Konzentrationen steigen nicht auf das 5,7-fache, da im Oxyfuel-Fall eine höhere Schwefeleinbindung in die Asche zu beobachten ist. Auf die Feuerungsleistung bezogen sinken daher die SO_x- und insbesondere die NO_x-Emissionen im Oxyfuel-Fall im Vergleich zum Luftfall [8] [9].

Der als Oxydationsmittel benötigte Sauerstoff wird dem Prozess über die Luftzerlegungsanlage zugeführt und muss im Überschuss vorliegen, damit ein ausreichender Ausbrand der ungleichmäßig verteilten Kohle gewährleistet werden kann. Außerdem ist ein Sauerstoffüberschuss an den Brennkammerwänden erforderlich, um das Korrosionsrisiko durch reduzierende Atmosphäre zu minimieren. Eine Restsauerstoffkonzentration im Rauchgas ist demnach unvermeidbar und liegt heute bei einem für die Verbrennung notwendigen Sauerstoffüberschuss von mindestens 15 % bei 4,5 – 5 Vol.-% (i.N., tr.). Zudem wird die Sauerstoffkonzentration im Rauchgas durch Falschlufteintrag erhöht [8].

Die Stickstoff- und Argonkonzentrationen im Rauchgas hängen in hohem Maße vom Betrieb der Luftzerlegungsanlage ab. Bei einer Sauerstoffreinheit von 99,5 Vol.-% bestehen die Begleitstoffe nahezu ausschließlich aus Argon. Die Luftzerlegungsanlage sollte jedoch aus energetischen Gründen so betrieben werden, dass sich niedrigere Sauerstoffreinheiten von z. B. 95 Vol.-% ergeben. In diesem Fall würden sich die 5 Vol.-% Begleitstoffe aus etwa 3,8 Vol.-% Argon und etwa 1,2 Vol.-% Stickstoff zusammensetzten [8]. Bei Stickstoff muss neben dem Eintrag über die Luftzerlegungsanlage noch der nicht zu vernachlässigende Stickstoffeintrag über Falschluft berücksichtigt werden.

Wie in Abbildung 1 dargestellt, weist das Oxyfuel-Rauchgas hinter dem Rauchgastrockner eine CO_2-Reinheit von etwa 85 Vol.-% auf. Diese Reinheit kann über eine Aufreinigung weiter gesteigert werden. Bei der Aufreinigung durch partielle Kondensation wird das Rauchgas auf einen höheren Druck gebracht und auf sehr tiefe Temperaturen (bis zu -50°C) abgekühlt. Der Großteil des CO_2 wird dabei verflüssigt, wohingegen der Großteil von Argon, Sauerstoff und Stickstoff noch gasförmig vorliegt. Es entsteht ein Teilstrom, der etwa 13 % des Rauchgasvolumenstroms ausmacht, eine Zusammensetzung von etwa 33 Vol.-% CO_2 und 67 Vol.-% Begleitstoffe besitzt und an die Umgebung abgegeben wird. Der Reststrom weist eine CO_2-Reinheit von etwa 98 Vol.-% auf. Ein Teil der Begleitstoffe löst sich physikalisch im flüssigen CO_2, weshalb keine hundertprozentige CO_2-Reinheit erreicht wird. Falls die Reinheitsanforderungen der Pipeline oder des Speichers diese 98 Vol.-% überschreiten, kann zusätzlich zur partiellen Kondensation noch eine Rektifikation des CO_2-reichen Stroms durchgeführt werden. Durch diese Rektifikation kann die CO_2-Reinheit auf ca. 99,9 Vol.-% erhöht werden. Mit einer Erhöhung der Reinheit geht aber auch eine Verringerung der CO_2-Abscheiderate einher, da der begleitstoffreiche Teilstrom, der bei der Aufkonzentration an die Umgebung abgegeben wird, mehr CO_2 enthält.

Aufgrund der sich für die verschiedenen Aufreinigungsverfahren ergebenden großen Unterschiede in der CO_2-Reinheit wurden folgende drei Oxyfuel-Szenarien mit verschiedenen Fluidzusammensetzungen definiert:

- Zero-Emission
- Aufkonzentration
- Rektifikation

Die Szenarien basieren auf den im Forschungsprojekt COORAL definierten Szenarien, sowie auf Literaturangaben [7], [10], [11], [12], [13], [14]. Da N_2 und Ar inert sind und somit keinen Einfluss auf die Korrosivität des Fluidgemisches haben, wurden diese beiden Stoffe in den Experimenten durch CO_2 substituiert. Die sich daraus ergebenen Fluidzusammensetzungen für die Experimente sind in Tabelle 1 dargestellt. Diese Zusammensetzungen sind chemisch nicht stabil. Bei erhöhtem Druck können die Komponenten untereinander reagieren. Daher beziehen sich diese Angaben auf den Eintritt des CO_2-Kompressors und dienen als Ausgangszusammensetzungen für die Experimente.

Tabelle 1: Darstellung der in den Experimenten untersuchten Oxyfuel-Szenarien

Komponente	Zero-Emission	Aufkonzentration	Rektifikation
CO_2	Rest	Rest	Rest
O_2	4,7 Vol.-%	0,67 Vol.-%	100 ppm
H_2O	0-1000 ppm	100 ppm	100 ppm
NO	100 ppm	100 ppm	100 ppm
SO_2	70 ppm	70 ppm	70 ppm
CO	50 ppm	50 ppm	50 ppm

Oxyfuel-Szenario Zero-Emission

Dieses Szenario repräsentiert den Fall, dass der komplette Rauchgasmassenstrom ohne partielle Kondensation verdichtet und gespeichert wird. Daher wird kein Restgas an die Umgebung abgegeben und sämtliches produziertes CO_2 gespeichert. Die in diesem Szenario erreichbare CO_2-Reinheit ist die Geringste. Hierbei wird nicht zwingend eine zusätzliche Rauchgastrocknung, z. B. durch ein Silikagel, eingesetzt, da schon durch die Zwischenkühlung im Rauchgasverdichter eine deutliche Rauchgastrocknung erfolgt. Der Wasserdampfgehalt wird daher in den Versuchen zwischen 0 und 1000 ppm variiert. Die NO_x- und SO_x-Konzentrationen im CO_2 hängen vom Verlauf des Bleikammereffektes ab, auf den in Abschnitt 5.3.3 genauer eingegangen wird. Der Bleikammereffekt läuft z. B. in Rauchgaskühlern und Verdichterzwischenkühlern ab und wird durch die Fluidzusammensetzung, den Druck und die Kontaktzeit von Gas und Flüssigkeit beeinflusst. In [15] wird von sehr hohen möglichen Abscheideraten von SO_x und NO_x infolge des Bleikammereffekts berichtet. Da die Einflussfaktoren auf den Bleikammereffekt anlagenspezifisch sind, wird hier die Reduktion der SO_x- und NO_x-Konzentrationen durch Säurebildung vernachlässigt. Die angegebenen Konzentrationen befinden sich am oberen Ende der zu erwartenden Konzentrationen und können daher als „worst case"-Abschätzung verstanden werden. Für den Fall, dass auf die konventionellen Rauchgasreinigungsverfahren (DeNOx und REA) verzichtet würde und die Entsäuerung des Rauchgases allein durch den Bleikammereffekt erfolgen soll, würden die SO_x- und NO_x-Konzentrationen zumindest im Verdichter deutlich höher liegen. Beim Szenario Zero-Emission ist darauf hinzuweisen, dass zwar keine Emissionen an die Atmosphäre abgegeben werden, aber zusätzliche Energie für die Kompression der hohen Anteile an Begleitstoffen benötigt wird. Der hohe Stickstoff- und Sauerstoffanteil führt zudem zu einer signifikanten Reduktion der Dichte des Fluidgemisches im Vergleich zu reinem CO_2. Eine geringere Dichte würde dazu führen, dass die benötigten Speicherkapazitäten erheblich steigen.

Oxyfuel-Szenario Aufkonzentration

Die CO_2-Reinheit wird in diesem Szenario mittels partieller CO_2-Kondensation erhöht. Die Konzentrationen von O_2, N_2 und Ar im CO_2-reichen Strom werden verringert. Die Konzentrationen von NO_X, SO_X und CO sind die gleichen wie im ersten Szenario, da äquivalente Rauchgasreinigungsanlagen zugrunde gelegt werden und keine Reduktion dieser reaktiven Gase innerhalb der Prozesskette angenommen wird. Bei diesem Szenario ist aufgrund der Prozesstemperaturen von bis zu -50 °C bei der partiellen Kondensation eine Rauchgastrocknung, z. B. mittels Molsieb oder Silikagel, zwingend notwendig. Daher wird in diesem Szenario ein Wasserdampfgehalt von 100 ppm als maximal zu erwartender Wert festgelegt. Je nach Trocknungsverfahren sind auch Wasserdampfgehalte deutlich unterhalb von 100 ppm zu erreichen, wodurch das Korrosionsrisiko weiter gesenkt würde.

Oxyfuel-Szenario Rektifikation

In diesem Szenario wird neben der partiellen CO_2-Kondensation von einer zusätzlichen Rektifikation des abgetrennten, CO_2-reichen Stroms ausgegangen. Die Konzentrationen von O_2, N_2 und Ar werden weiter reduziert, während die Konzentrationen von NO_X, SO_X und CO die gleichen wie in den anderen Szenarien sind. Der Wasserdampfgehalt wird aus denselben Gründen wie im Szenario Aufkonzentration auf 100 ppm festgesetzt. Dieses Szenario weist die höchste CO_2-Reinheit der drei Oxyfuel-Szenarien auf.

2.1.2 Post-Combustion

Unter dem Sammelbegriff Post-Combustion-Abtrennungsverfahren werden die der Verbrennung nachgeschalteten Verfahren zur CO_2-Abtrennung bezeichnet. Der Aufbau des konventionellen Kraftwerkes samt Rauchgasreinigungspfad bleibt größtenteils bestehen. Die CO_2-Wäsche wird, wie in Abbildung 2 dargestellt, stromabwärts der REA angeordnet. Die Post-Combustion-Abtrennungsverfahren können in chemische Absorption, physikalische Absorption, kältetechnische Verfahren, Membrantechnik und Adsorption unterteilt werden. Dabei stellt die chemische Rauchgaswäsche, bei dem CO_2 mittels eines Lösungsmittels aus dem Rauchgas abgetrennt wird, das kurz- bis mittelfristig aussichtsreichste Verfahren dar [16].

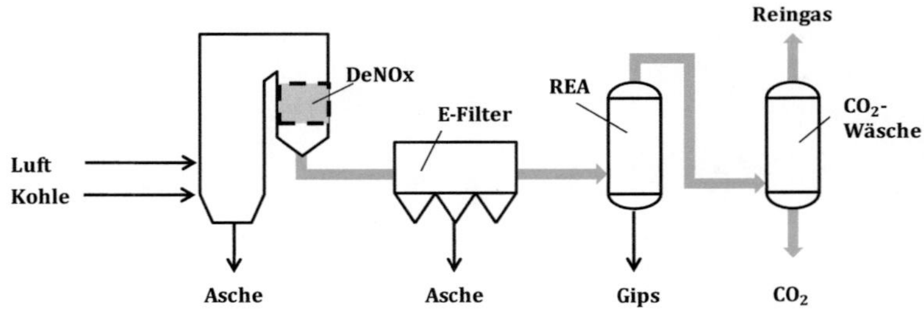

Abbildung 2: Vereinfachtes Schema des Rauchgaspfades eines Kraftwerkes mit CO_2-Abtrennung

Abbildung 3 zeigt das Schema einer CO_2-Wäsche mit chemischer Absorption. Das von der REA kommende Rauchgas wird durch Direktkontaktkühler zunächst gekühlt. Einige Lösungsmittel reagieren mit Schwefeloxiden zu irreversiblen Degradationsprodukten, die zu hohen Lösungsmittelverlusten führen können. Um dies zu verhindern, kann dem Rauchgaskühler eine optionale SO_2-Feinreinigung nachgeschaltet werden. Das kühle Rauchgas tritt anschließend am unteren Ende in die Absorptionskolonne ein und strömt nach oben. Dabei trifft es auf das im Gegenstrom nach unten rieselnde Lösungsmittel, welches unter dem Kolonnenkopf zugeführt wird. Über geschüttete Füllkörper oder strukturierte Packungen wird die Kontaktfläche des Lösungsmittels und des Rauchgases in der Kolonne erhöht. Ein Großteil des CO_2 aus dem Rauchgas wird vom Lösungsmittel gelöst und geht so in die flüssige Phase über. Das CO_2-arme Reingas wird durch einen zusätzlichen Wäscher geleitet, um den Lösungsmittelschlupf zu verringern, und anschließend an die Atmosphäre abgegeben.

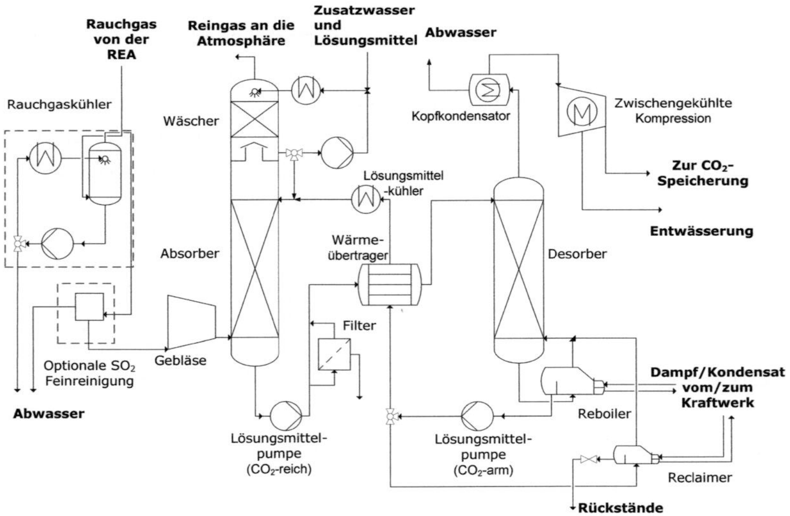

Abbildung 3: Schema einer CO_2-Wäsche mit chemischer Absorption nach [17]

Das CO_2-reiche Lösungsmittel wird am Sumpf des Absorbers abgepumpt und in den Desorber geleitet. Dabei durchläuft es einen Wärmeübertrager, der Wärme vom CO_2-armen auf das CO_2-reiche Lösungsmittel überträgt. Letzteres wird am Kopf des Desorbers eingebracht und rieselt über Füllkörper oder strukturierte Packungen nach unten. Durch Zufuhr von Wärme löst sich das CO_2 aus dem Lösungsmittel und steigt gasförmig nach oben. Die benötigte Wärme wird durch Niederdruckdampf bereitgestellt und im Reboiler auf das Lösungsmittel übertragen [18].

Das am Kopf des Desorbers austretende CO_2/Wasserdampf-Gasgemisch wird anschließend durch einen Kondensator geleitet, in dem der Wasserdampf größtenteils auskondensiert und abgeführt wird. Der entstandene CO_2-reiche Strom kann, falls notwendig, zu einer weiteren Trocknung oder direkt zur Kompression geleitet werden und weist eine hohe Reinheit auf. Es können jedoch noch Begleitstoffe wie O_2, N_2, Ar, H_2O, NO_x, SO_x, CO, Lösungsmittelreste und Degradationsprodukte des Lösungsmittels enthalten sein [13]. Die genaue Zusammensetzung des CO_2-reichen Stroms hängt von zahlreichen Faktoren wie der Wahl des Lösungsmittels, dem Desorberdruck, der Temperatur und vielen weiteren Parametern ab. Daher wurden für die Experimente zwei Post-Combustion-Szenarien definiert. Analog zu den Szenarien im Oxyfuel-Fall wurden für die Korrosionsexperimente die inerten Begleitstoffe N_2 und Ar durch CO_2 substituiert, da diese keinen Einfluss auf die Korrosivität des Fluidgemisches besitzen. Für die Experimente ergeben sich somit die beiden in Tabelle 2 dargestellten Fluidzusammensetzungen. Sie stellen die Bedingungen bei Versuchsbeginn dar, da die Komponenten, besonders unter erhöhtem Druck, untereinander reagieren können.

Tabelle 2: In den Experimenten untersuchte Post-Combustion-Szenarien

Komponente	Post I	Post II
CO_2	Rest	Rest
O_2	150 ppm	150 ppm
H_2O	100/1000 ppm	100 ppm
NO	20 ppm	20 ppm
SO_2	10 ppm	10 ppm
CO	10 ppm	10 ppm
MEA	-	10 ppm

Post-Combustion-Szenario Post I

Das Szenario Post I beschreibt den derzeitigen Kenntnisstand der Zusammensetzung des CO_2-reichen Stroms einer chemischen Wäsche mittels wässriger Aminlösung. Die Werte basieren auf den im Forschungsprojekt COORAL definierten Szenarien, die anhand von Literaturangaben und im Forschungsprojekt durchgeführten Untersuchungen erstellt wurden [14], [13], [12]. Da in diesem Szenario nicht zwingend eine zusätzliche Rauchgastrocknung, z. B. durch ein Silikagel, eingesetzt werden muss, werden mit 100 ppm und 1000 ppm zwei unterschiedliche Wasserdampfkonzentrationen untersucht, um den Einfluss von Wasserdampf auf die Korrosivität zu ermitteln. 100 ppm wird analog zu den Oxyfuel-Szenarien als maximal zu erwartender Wasserdampfanteil im CO_2 bei Verwendung einer Trocknung angesehen.

Post-Combustion-Szenario Post II

Das Szenario Post II erweitert die Bandbreite der Begleitstoffe durch Zugabe von Monoethanolamin (MEA). Dadurch soll der mögliche Lösungsmittelschlupf berücksichtigt werden. Die NO, SO_2 und CO Konzentrationen bleiben im Vergleich zum Szenario Post I unverändert. In diesem Szenario werden ausschließlich Versuche mit Wasserdampfgehalten von 100 ppm durchgeführt.

2.1.3 Pre-Combustion

Bei dem Pre-Combustion-Abtrennungsverfahren wird der Kohlenstoffgehalt des Brennstoffs in Form von CO_2 vor der Verbrennung abgeschieden. Nach dem aktuellen Stand der Technik gilt der Kombiprozess mit integrierter Kohlevergasung (IGCC) als das am ehesten realisierbare Verfahren der Pre-Combustion-Technologie. Dabei basiert der IGCC mit CO_2-Abtrennung auf dem IGCC ohne CO_2-Abtrennung. Es werden neben der CO_2-Kompression lediglich die beiden zusätzlichen Prozessschritte CO-Shift und CO_2-Abtrennung in der Gasreinigung erforderlich [16]. Der schematische Aufbau eines IGCC Kraftwerkes mit CO_2-Abtrennung ist in Abbildung 4 dargestellt.

Beim IGCC mit CO_2-Abtrennung wird in einem Vergaser Kohle mit fast reinem Sauerstoff aus einer Luftzerlegungsanlage in ein Gas konvertiert, das je nach Vergasertyp neben 40-65 % CO, 1-10 % CO_2, 25-30 % H_2 8-20 % H_2O, 5-10 % N_2, 0,7 % Ar und 0,25 % Schwefelverbindungen noch Staub, Stickstoffverbindungen (hauptsächlich HCN und NH_3), Halogenverbindungen (HCL, HF), Alkaliverbindungen und flüchtige Schwermetallverbindungen aufweist. Verbindungen wie Teere, Öle, Phenole sowie CS_2 und SO_2 sind bei Flugstromvergasern aufgrund der hohen Temperaturen nicht im Rauchgas enthalten. Die Schwefelverbindungen bestehen im Wesentlichen aus COS und H_2S, wobei letzteres mit 93-98 % den Großteil ausmacht [19].

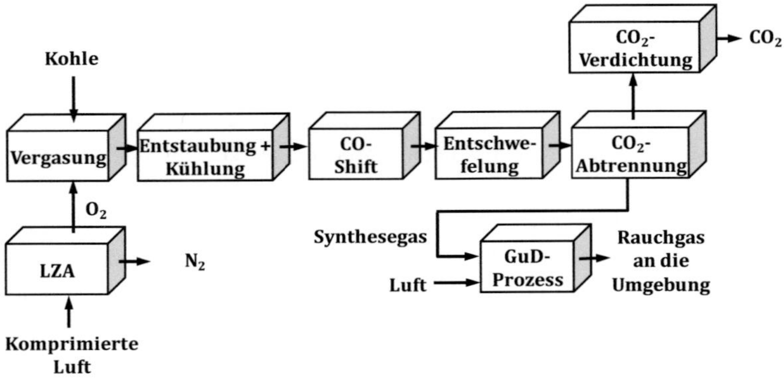

Abbildung 4: Vereinfachte schematische Darstellung eines IGCC mit CO_2-Abtrennung

Anschließend wird das Rohgas gekühlt und entstaubt. In den nach der ersten Entstaubungsstufe eingesetzten Venturiwäschern werden Alkali-, Halogen- sowie Stickstoffverbindungen zum Großteil abgetrennt [20], [21]. In einem der Kühlung und Entstaubung nachgeschaltetem CO-Shift wird CO mit Wasserdampf in CO_2 und Wasserstoff umgewandelt. Das wasserstoff- und CO_2-reiche Synthesegas wird anschließend entschwefelt. Als Entschwefelungsverfahren bietet sich z. B. das Claus Verfahren an. Anschließend wird das Synthesegas der CO_2-Wäsche zugeführt. Da die Vergasung üblicher Weise bei erhöhtem Druck durchgeführt wird, bieten sich zur CO_2-Abtrennung physikalische statt chemischer Verfahren an. Das abgetrennte CO_2 kann schließlich der Kompression zugeführt werden. Das restliche wasserstoffreiche Gas wird in einem GuD-Prozess mit Luft verbrannt. Durch die niedrigen Kohlenstoffkonzentrationen im Brenngas ist die Emission von CO_2 bei dieser Verbrennung äußerst gering.

Die Zusammensetzung des abgetrennten CO_2 ist in hohem Maße von der Wahl des Lösungsmittels abhängig. In dieser Arbeit werden zwei Szenarien definiert. Beim Szenario Rectisol® wird Rectisol® als Lösungsmittel verwendet, welches aus tiefkaltem Methanol besteht. Im zweiten Szenario wird Selexol™ als Lösungsmittel verwendet. Selexol™ ist eine Mischung verschiedener Diemethylether. Mittels Literaturangaben [14], [13], [12], [20], [22] wurden für beide Szenarien mögliche Begleitstoffkonzentrationen im CO_2 festgelegt. Dabei wurden für die Experimente die Begleitstoffe N_2, Ar, CH_4 und H_2 durch CO_2 substituiert. Aufgrund des deutlich größeren Anteils des Schwefelwasserstoffs an den Schwefelverbindungen wurde sich in dieser Arbeit auf die Verwendung von H_2S beschränkt und COS nicht berücksichtigt. Die sich daraus ergebenden Fluidzusammensetzungen für die beiden Szenarien sind in Tabelle 3 dargestellt.

Tabelle 3: In den Experimenten untersuchte Pre-Combustion-Szenarien

Komponente	Selexol™	Rectisol®
CO_2	98,0 Vol.-%	99,7 Vol.-%
O_2	-	-
H_2O	0 - 1000 ppm	10 ppm
H_2S	100 ppm	20 ppm
CO	400 ppm	400 ppm

Beim Szenario Selexol™ wird der Wasserdampfgehalt in den Experimenten zwischen 0 und 1000 ppm variiert, da der Einsatz einer zusätzlichen Trocknung nicht zwingend erforderlich ist. Im Gegensatz dazu wird im Szenario Rectisol® die Wasserdampfkonzentration auf 10 ppm begrenzt, da bei diesem Lösungsmittel aufgrund der tiefen Temperaturen eine Trocknung notwendig ist. Ein wesentlicher Unterschied der beiden Pre-Combustion-Szenarien im Vergleich zu den Post-Combustion- und den Oxyfuel-Szenarien ist, dass bei dem Pre-Combustion-Verfahren sauerstofffreie, CO_2-reiche Ströme abgetrennt werden. Bei den beiden anderen Verfahren dagegen werden CO_2-reiche Ströme mit signifikanten Sauerstoffkonzentrationen erzeugt.

2.2 CO_2-Transport

Ein Problem bei der Speicherung von CO_2 ist, dass die CO_2-Quellen und die möglichen Speicher in der Regel örtlich getrennt sind. Der Transport stellt demnach ein wichtiges Bindeglied zwischen Abtrennung und Speicherung des CO_2 dar. Es ist möglich CO_2 per Schiff, Bahn, Lkw oder per Pipeline zu transportieren. Allerdings fallen bei der Abtrennung aus Kraftwerksrauchgasen enorme Mengen von CO_2 an, die bei kohlebefeuerten Großkraftwerken im Bereich von mehreren Millionen Tonnen pro Jahr liegen. Aufgrund ihrer zu geringen Kapazität eignen sich daher Lkw oder die Bahn nicht als Transportmittel. Schiffe eignen sich für den Transport über große Strecken bei nicht allzu großen Mengen. Aus ökonomischer und energetischer Sicht kommt daher in der Regel im Wesentlichen der Transport per Pipeline in Frage [5].

In den USA wird CO_2 für den Einsatz zur Enhanced Oil Recovery, bereits seit 1972 per Pipeline transportiert. In Nordamerika werden jährlich über 50 Mt CO_2 in über 3100 km Pipeline von meist natürlichen CO_2-Quellen zu den Ölfeldern befördert werden. Weltweit umfasst das CO_2-Pipelinenetz über 5600 km [23], [24]. Das CO_2 wird dabei im flüssigen oder im überkritischen Zustand transportiert. Der Transport in der Gasphase ist, außer bei sehr kleinen Distanzen, ökonomisch nicht sinnvoll, da durch die geringere Dichte deutlich größere Pipelinedurchmesser gewählt werden müssten und deshalb die Materialkosten erheblich gesteigert würden. Damit das CO_2 in der Pipeline nicht in den gasförmigen Zustand übergeht, wird CO_2 bei Drücken oberhalb des kritischen Punktes (73,8 bar) transportiert. Als Pipelinematerial werden aus ökonomischen Gründen Kohlenstoffstähle gewählt, die allerdings korrosionsanfällig sind [5]. Der Bau einer Pipeline aus Edelstahl zur Minimierung des Korrosionsrisikos wäre mindestens dreimal so teuer wie der Einsatz von Kohlenstoffstahl [4].

2.3 Korrosion

In diesem Kapitel werden die für diese Arbeit relevanten Korrosionsmechanismen beschrieben. Korrosion wird nach DIN EN ISO 8044 wie folgt definiert:

„Korrosion ist die physikochemische Wechselwirkung zwischen einem Metall und seiner Umgebung, die zu einer Veränderung der Eigenschaften des Metalls führt und die zu erheblichen Beeinträchtigungen der Funktion des Metalls, der Umgebung oder des Technischen Systems, von dem diese einen Teil bilden, führen kann. Diese Wechselwirkung ist oft elektrochemischer Natur."

Korrosion ist eine Folge instabiler Zustände im System zwischen metallischem Werkstoff und dem umgebenden Medium. Dabei ist das Metall bestrebt in den stabileren Zustand z. B. ein Oxid oder ein Salz zurückzukehren. Die dabei freiwerdende Energie muss an das umgebende Medium abgegeben werden. Korrosion bedarf also einer thermodynamischen Triebkraft, die zu einem Stoffumsatz führt. Für die Beurteilung der Auswirkung der Korrosion auf technische Einsatzgebiete verschiedener Werkstoffe ist neben der Korrosionsart auch die Geschwindigkeit des Stoffumsatzes, die Korrosionsgeschwindigkeit, entscheidend. Die Korrosionsgeschwindigkeit ist proportional zu einer treibenden Kraft (z. B. dem chemischen oder dem elektrischen Potential) und umgekehrt proportional zu einem Widerstand. Der Widerstand wird durch Einzelwiderstände wie z. B. den An- und Abtransport der Reaktanden oder den Durchtritt von Ionen und Elektronen durch die Phasengrenze beschrieben [25].

Generell wird zwischen äußerer Korrosion und innerer Korrosion unterschieden. Letztere beschreibt die Reaktion von Legierungsbestandteilen mit Komponenten eines Mediums, die in das Werkstoffinnere diffundieren. Dadurch werden die mechanischen Eigenschaften des Metalls beeinträchtigt. Die äußere Korrosion, welche die häufigste Korrosionsart darstellt, beschreibt den stofflichen Abtrag an der Werkstoffoberfläche. Als Reaktionsarten kommen sowohl elektrochemische als auch rein chemische Mechanismen in Frage, die im Folgenden genauer beschrieben werden [25].

Chemische Korrosion

Bei der seltenen chemischen Korrosion erfolgen Redoxreaktionen direkt zwischen den molekularen Stoffen. Beispiele für die chemische Korrosion sind die Reaktionen von Magnesium und Aluminium mit halogenen Kohlenwasserstoffen. Charakteristisch für eine solche Korrosion ist, dass die erstmalige Oxidation des Metalls und die Reduktion des Nichtmetalls an ein und derselben Stelle ablaufen, der Metall/Nichtmetall-Grenzschicht [26]. Hierbei treten keine elektrischen Ströme auf und die Reaktionsprodukte liegen meist nicht in Ionenform vor [25].

Elektrochemische Korrosion

Anders als bei der chemischen Korrosion fließen bei der elektrochemischen Korrosion galvanische Ströme. Hierfür ist ein Medium mit elektrolytischer Leitfähigkeit Voraussetzung. Dieses Medium wird Elektrolyt genannt und ist in den meisten Fällen eine wässrige Lösung, kann aber auch andere Formen wie z. B. die einer Salzschmelze annehmen [25]. Charakteristisch für die elektrochemische Korrosion ist, dass die Anodenreaktion (Oxidation des Metalls) an einer anderen Stelle auf der Metallprobe abläuft als die Kathodenreaktion (Reduktion eines Elektronakzeptors oder eines Oxidationsmittels). Das führt zu einem Elektronentransfer und somit zu einem Stromfluss innerhalb der Probe[26].

Die Anodenreaktion beschreibt dabei die Auflösung des Metalls unter Abgabe eines Elektrons (Oxidation) nach folgender Gleichung:

$$\mathrm{Me} = \mathrm{Me}^{z+} + \mathrm{z\,e}^- \tag{2-1}$$

Hierbei ist Me das sich auflösende Metall (z. B. Eisen) und z e^- die Anzahl der bei dieser Reaktion umgesetzten Elektronen. Voraussetzung für diese Reaktion ist, dass zeitgleich an einer anderen Stelle auch eine kathodische Reaktion abläuft. Letztere ist die Reduktion, bei der ein Oxidationsmittel durch Elektronenaufnahme selbst reduziert wird. In Abhängigkeit von der Zusammensetzung des Elektrolyten gibt es verschiedene mögliche elektronenaufnehmende Reaktionen. Bei wässrigen Elektrolyten stehen immer Oxoniumionen (H_3O^+) und eventuell gelöster Sauerstoff als Reaktionspartner zur Verfügung. Mögliche Reaktionen sind demnach [25]:

In sauren Medien:

$$\mathrm{z\,H_3O^+} + \mathrm{z\,e^-} = \mathrm{H_2O} + \frac{\mathrm{z}}{2}\,\mathrm{H_2} \tag{2-2}$$

In sauren, sauerstoffreichen Medien:

$$\mathrm{O_2} + 4\,\mathrm{H^+} + 4\,\mathrm{e^-} = 2\,\mathrm{H_2O} \tag{2-3}$$

In neutralen oder alkalischen Medien:

$$\mathrm{O_2} + 2\,\mathrm{H_2O} + 4\,\mathrm{e^-} = 4\,\mathrm{OH^-} \tag{2-4}$$

Wenn im Elektrolyt weitere Oxidationsmittel vorliegen, können auch diese reduziert werden. Bei verunreinigtem CO_2 könnten dies z. B. Salpeter- oder Schwefelsäure sein. Salpetersäure kann folgendermaßen reduziert werden:

$$3\,\mathrm{H^+} + \mathrm{NO_3^-} + 2\,\mathrm{e^-} = \mathrm{HNO_2} + \mathrm{H_2O} \tag{2-5}$$

In einem Elektrolyten mit hoher Leitfähigkeit bilden die anodische und die kathodische Teilreaktion ein kurzgeschlossenes galvanisches Element, in dem der Korrosionsstrom i fließt, der proportional zur Metallauflösung ist. Durch eine sogenannte Dreielektrodenanordnung könnten theoretisch der Korrosionsstrom sowie das Potential zwischen Arbeits- und Gegenelektrode gegenüber einer Referenzelektrode gemessen werden. Dadurch könnten Rückschlüsse auf die Korrosionsmechanismen und die Korrosionsgeschwindigkeit gezogen werden. Die Anzahl an Ionen und deren Wanderungsgeschwindigkeit bestimmen die elektrische Leitfähigkeit des Elektrolyten [27]. CO_2 dissoziiert selbst unter hohem Druck und im flüssigen Zustand nicht. Reines, trockenes CO_2 besitzt daher eine äußerst geringe elektrische Leitfähigkeit von etwa $3 \cdot 10^{-5}$ S/m bei 152 bar und 50 °C. Bei Sättigung mit Wasserdampf steigt die Leitfähigkeit des Fluidgemisches um zwei Größenordnungen auf etwa $7 \cdot 10^{-3}$ S/m [28]. In dieser Arbeit sollen schwerpunktmäßig realitätsnahe Fluidgemische mit Wasserdampfgehalten deutlich unterhalb des Sättigungsgehalts und mit geringen Konzentrationen anderer Begleitstoffe untersucht werden. Die elektrische Leitfähigkeit der Fluidgemische wird zwar durch ionisierbare Begleitstoffe gesteigert, ist jedoch immer noch so niedrig, dass die Messwertauflösung der zur Verfügung stehenden Messgeräte unter diesen Bedingungen nicht ausreicht. Da aus diesem Grund keine elektrochemischen Untersuchungsmethoden angewendet werden können, wird auf diese nicht weiter eingegangen. Obwohl die elektrochemischen Korrosionsmechanismen im CO_2 messtechnisch nicht erfasst werden können, können sie trotzdem ablaufen. Die folgenden Mechanismen treten häufig bei der Korrosion von Metallen auf.

2.3.1 Säurekorrosion

Die Säurekorrosion ist eine häufige Form der elektrochemischen Korrosion bei der Metalle in einer sauerstofffreien nichtoxidierenden Säure unter Wasserstoffentwicklung angegriffen werden. Sie äußert sich in einem annähernd gleichmäßigen Abtrag der Werkstoffoberfläche, weist in wässrigen Lösungen eine Abhängigkeit vom pH-Wert des Elektrolyten auf und nimmt bei niedrigen pH-Werten stark zu [29]. Die Bruttoreaktion lässt sich allgemein durch

$$\mathrm{Me} + \mathrm{z\,H^+} = \mathrm{Me^{z+}} + \frac{\mathrm{z}}{2}\,\mathrm{H_2} \qquad (2\text{-}6)$$

beschreiben. Diese Bruttoreaktion resultiert aus der Überlagerung der anodischen Metallauflösung nach Gleichung (2-1) und der kathodischen Wasserstoffabscheidung nach Gleichung (2-2).

2.3.2 Sauerstoffkorrosion

Die Sauerstoffkorrosion ist ebenfalls eine Form der elektrochemischen Korrosion. Hierbei ist Voraussetzung, dass Sauerstoff im Elektrolyt gelöst vorliegt. Der gelöste Sauerstoff kann durch Reaktion mit Wasser Hydroxide bilden (2-4) und somit als Kathodenreaktion Elektronen aufnehmen. Die zugehörige anodische Reaktion ist wieder die Metallauflösung nach Gleichung (2-1). Somit lautet die Bruttoreaktion für ein zweiwertiges Metall wie Eisen:

$$2\,Fe + O_2 + 2\,H_2O \rightarrow 2\,Fe^{2+} + 4\,OH^- \tag{2-7}$$

Der pH-Wert des Elektrolyten hat dabei einen wesentlichen Einfluss auf die Erscheinungsform der Korrosion. Bei niedrigen pH-Werten tritt vorzugsweise ein gleichmäßiger Abtrag der Oberfläche ein, wohingegen bei höheren pH-Werten die Gefahr der Lochkorrosion steigt [29]. In sauren Lösungen läuft nur selten ausschließlich die Säurekorrosion ab, da sie einen sauerstofffreien Elektrolyten voraussetzt. In sauren, sauerstoffreichen Lösungen kommt es daher zur Überlagerung von Säure- und Sauerstoffkorrosion [30].

2.3.3 Das Rosten des Eisens in Wasser

Die in dieser Arbeit untersuchten Pipelinematerialien sind niedriglegierte Kohlenstoffstähle, die im Wesentlichen aus Eisen bestehen. Ein häufig zu beobachtender Korrosionsmechanismus von Eisen, der in Abbildung 5 dargestellt ist, ist das Rosten in Wasser. Das Rosten ist ebenfalls ein elektrochemischer Prozess, bei dem die Kathodenreaktion in Elektrolyten mit gelöstem Sauerstoff gemäß den Gleichungen (2-3) oder (2-4) abläuft. Welche kathodischen Teilreaktionen an dem Korrosionsvorgang teilhaben, hängt vom Potenzial des Metalls sowie vom pH-Wert des Elektrolyten ab [31]. Die Eisenauflösung erfolgt immer durch die Anodenreaktion nach Gleichung (2-1). Die so im Elektrolyten gelösten Fe^{2+}-Ionen reagieren anschließend mit OH^--Ionen aus Elektrolyten zu Eisen-II-Hydroxid. Letzteres stellt eine Vorstufe zum Rost dar, da es durch weiteren gelösten Sauerstoff zu Eisen-III-Hydroxid oxidiert wird [32]:

$$Fe^{2+} + 2\,OH^{-} \rightarrow 2\,Fe(OH)_2 \tag{2-8}$$

$$2\,Fe(OH)_2 + \frac{1}{2}\,O_2 + H_2O \rightarrow Fe(OH)_3 \tag{2-9}$$

Das dreiwertige Hydroxid wird ausgefällt, da dessen Löslichkeit in Wasser deutlich geringer ist als die des zweiwertigen Hydroxids. Es bildet sich eine zunächst amorphe (nicht kristalline) Schicht auf der Werkstoffoberfläche aus. Aus dem lose auf dem Werkstoff haftenden Eisen-III-Hydroxid kann unter weiterem Abspalten von Wasser FeOOH entstehen, welches auch als Rost bezeichnet wird [33]:

$$Fe(OH)_3 \rightarrow FeOOH + H_2O \tag{2-10}$$

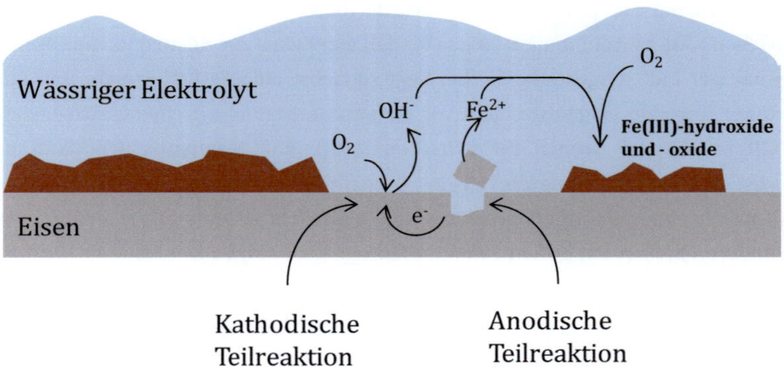

Abbildung 5: Graphische Darstellung des Rostens von Eisen

Befindet sich der Werkstoff nicht in flüssigem Wasser sondern in feuchter Atmosphäre, wird von atmosphärischer Korrosion gesprochen.

2.3.4 Atmosphärische Korrosion

In feuchter Atmosphäre erleiden un- und niedriglegierte Stähle Korrosion überwiegend in Form von Flächenabtrag. Je nach Art der vorhandenen Verunreinigungen der Werkstoffoberfläche bildet sich ab einem gewissen Grad der relativen Feuchte auf der Werkstoffoberfläche ein dünner Wasserfilm, der die elektrochemischen Korrosionsmechanismen ermöglicht [30]. In sauerstoffhaltigen Atmosphären rostet der Werkstoff dann wie in Abschnitt 2.3.3 beschrieben. In feuchter Atmosphäre, die zusätzlich noch SO_2 enthält, dagegen läuft ein anderer Mechanismus ab. Durch die Reaktion von SO_2 und O_2 mit H_2O, die durch Eisenoxide und Eisenhydroxide katalysiert wird [34], entsteht Schwefelsäure (H_2SO_4). Die gebildete Schwefelsäure führt zur Bildung von hygroskopischem Eisen(II)-sulfit und Eisen(II)-sulfat. Diese beiden Stoffe hydrolysieren anschließend unter Beteiligung von Sauerstoff und Wasser, wobei Rost und wiederum freie Schwefelsäure entsteht. Die Schwefelsäure wird also regeneriert und reagiert erneut mit dem nächsten Eisenmolekül. Schwefeldioxid weist beim atmosphärischen Rosten daher eine katalytische Wirkung auf [35]. Detailliert wurde dieser Mechanismus von Evans beschrieben [36]. In Abbildung 6 ist das Modell von Evans zur Korrosion von Eisen in SO_2-haltiger Luft dargestellt. Hierbei liegt zunächst eine FeOOH-Schicht und eine darunter liegende Magnetitschicht vor, deren Porenraum mit einer $FeSO_4$-Lösung gefüllt ist. An der Grenzfläche zwischen Metall und Magnetitschicht läuft die anodische Metallauflösung ab. An der Grenzfläche zwischen Magnetit und Rost läuft gleichzeitig die Kathodenreaktion ab, indem Rost zu Magnetit reduziert wird. An anderen Stellen mit gutem Sauerstoffzutritt wird Magnetit wieder zu Rost oxidiert. Die Diffusion von Sauerstoff in den Elektrolyten kommt in diesem Mechanismus nicht vor und ist daher nicht mehr geschwindigkeitsbestimmend [36], [37].

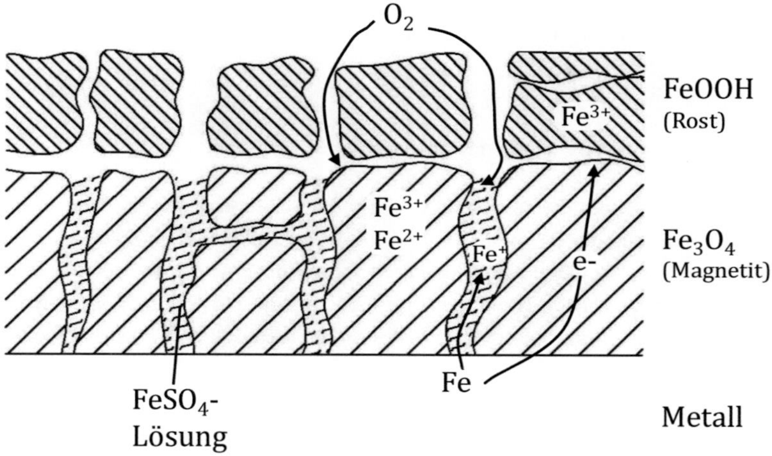

Abbildung 6: Modell der atmosphärischen Korrosion unter Anwesenheit von Schwefel nach [36], [37]

Letzteres und die Annahme, dass durch Eisensulfat ein saurer oxidlösender und damit porenöffnender Elektrolyt vorliegt, bietet eine Erklärung für den zeitlichen Verlauf der Korrosion von Stahl in Abhängigkeit von der Atmosphäre. In Abbildung 7 ist die Abzehrung von Stahlblech als Funktion der Zeit in feuchter Luft mit und ohne SO_2-Zugabe aufgetragen. Die Abzehrung in feuchter Luft ohne SO_2 folgt einem logarithmischen Verlauf nach der Gleichung:

$$x = k \cdot \log(a \cdot t + 1) \tag{2-11}$$

wobei k und a Konstanten, t die Zeit und x die Schichtdicke, die proportional zum Massenverlust ist, sind. Dies ist typisch für die Korrosion von Metallen bei niedrigen Temperaturen [38]. Die entstehende Oxidschicht hemmt in diesem Fall die weitere Korrosion, weshalb die Steigung des Verlaufs des Massenverlusts immer geringer wird.

Bei Betrachtung des Nullpunktes und der ersten beiden Messwerte bei feuchter Luft mit SO_2-Zugabe ist für den Massenverlust in Abbildung 7 anfänglich (< 10 Tage) eher ein Verlauf nach folgendem parabolischem Zeitgesetz zu beobachten, der mit einer hellgrauen Trendlinie angedeutet ist:

$$x^2 = k \cdot t \tag{2-12}$$

wobei k eine Konstante, x die Schichtdicke und t die Zeit sind.

Bei feuchter, SO_2-haltiger Atmosphäre bleibt die Schutzwirkung der Oxidschicht aus [39]. Aufgrund der fehlenden Schutzwirkung geht der Massenverlust anschließend (> 10 Tage) in einen nahezu linearen Verlauf über, der in der Abbildung als schwarze, durchgezogene Trendline dargestellt ist. Laut [40] erfolgt der Übergang in das lineare Zeitgesetz umso früher, je stärker die Verunreinigung durch SO_2 ist.

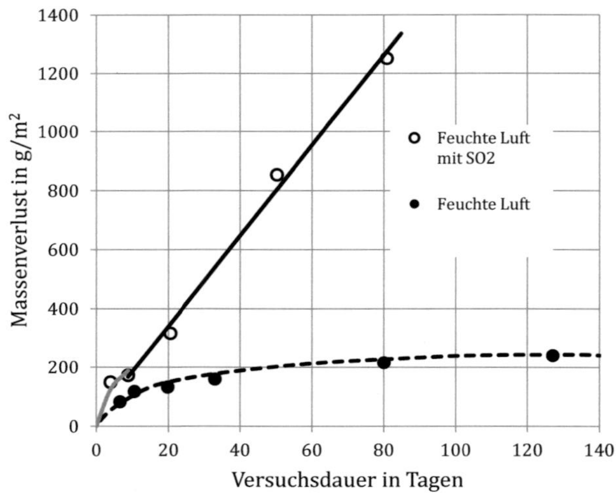

Abbildung 7: Abzehrung von Tiefzieh-Stahlblech als Funktion der Zeit im Feuchtlagergerät über Wasser (ausgefüllte Kreise) und in Gegenwart von Schwefeldioxid (nicht ausgefüllte Kreise) nach [39]

2.3.5 Säuretaupunktkorrosion

Die Taupunkttemperatur eines in der Dampfphase befindlichen Stoffs bei einem bestimmten Druck ist die Temperatur, bei der gerade die Kondensatbildung einsetzt. Befindet sich eine Metallprobe in einer feuchten Atmosphäre, in welcher die Taupunkttemperatur von Wasser unterschritten ist, bildet sich auf der Probe ein Wasserfilm und es kann zu der im vorherigen Abschnitt beschriebenen atmosphärischen Korrosion kommen. In Rauchgasen aus Verbrennungsprozessen können neben Wasser auch weitere kondensierbare Stoffe, wie z. B. Schwefelsäure, vertreten sein, deren Taupunkttemperatur höher liegt als jene von Wasser. Die Höhe der Schwefelsäuretaupunkttemperatur hängt im Wesentlichen vom SO_3- und vom H_2O-Partialdruck ab und liegt in herkömmlichen Rauchgasen etwa zwischen 120 und 150 °C [41]. Wenn hygroskopische konzentrierte Schwefelsäure auf einer Metalloberfläche kondensiert, kann sie Feuchtigkeit aus der Atmosphäre absorbieren und so einen wässrigen Elektrolyten schaffen und Säurekorrosion initiieren.

2.3.6 Passivität

Bei unedlen Metallen wie Fe, Cr, Al, Ti usw. kann die Korrosion unter bestimmten Umständen durch die Bildung eines submikroskopisch dünnen Oxidfilms gehemmt werden. Das Metall löst sich dann trotz thermodynamischer Instabilität nur noch verschwindend langsam auf [29]. In diesem Fall wird von einem passivierten Metall gesprochen. Der Werkstoff korrodiert in diesem Zustand nur äußerst langsam weiter, da die Deckschicht vor allem die anodische Teilreaktion, also die Metallauflösung, unterbindet. Die Bildung einer Passivschicht hängt dabei von der Zusammensetzung des Metalls und des Elektrolyten und somit von dessen Oxidationsvermögen ab. So können z. B. konzentrierte Schwefel- und Salpetersäure in Eisenbehältern transportiert werden, wohingegen es bei der Verdünnung dieser Säuren oder beim Transport von Salzsäure zu starker Korrosion kommen kann [32].

Besonders Chrom und Nickel sind bekannt als Legierungselemente, die ab bestimmten Anteilen bei Stählen zu einer Passivierung führen. Bei Chrom gilt 13 % Gewichtsanteil als wichtiger Schwellenwert für die Passivierbarkeit eines Stahls durch die Bildung von hydratisiertem Chromoxyhydroxid [37]. Die in dieser Arbeit zu untersuchenden Kompressorwerkstoffe weisen hohe Anteile von Chrom, Nickel oder auch Aluminium und Titan auf, sodass mit Passivierung dieser Legierungen zu rechnen ist. Sollte die Passivschicht jedoch beschädigt werden, kann es lokal zu verstärkter Korrosion, der Lochkorrosion, kommen, die im Folgenden genauer erläutert wird.

2.3.7 Lochkorrosion

Neben dem gleichmäßigen Abtrag kann es auch zu anderen Korrosionsformen kommen, die häufig lokal begrenzt sind. Unter Lochkorrosion werden nach DIN 50900 Teil 1 im weitesten Sinne Vertiefungen verstanden, welche die Oberfläche unterhöhlen und deren Tiefe größer oder mindestens gleich deren Durchmesser ist. Voraussetzung für Lochkorrosion eines metallischen Werkstoffs ist eine korrosionshemmende Deckschicht, die lokal Fehlstellen besitzt [30]. Wird zum Beispiel die schützende Oxidschicht auf einem Werkstoff z. B. durch die Einbindung von Chloridionen gestört, ist der Werkstoff an dieser Stelle angreifbar und es bildet sich ein kleines Loch. Ist dann die Diffusion des Oxidationsmittels (z. B. Sauerstoff) in das kleine Loch zu langsam und dessen Konzentration im Loch deutlich geringer als im restlichen Elektrolyten, bildet sich ein Konzentrationselement. Das Loch wird dabei anodisch polarisiert und die restliche Oberfläche des Werkstoffs bildet die Kathode. Wenn die Elektronenleitfähigkeit der Passivschicht auf dem Werkstoff hoch genug ist, kann demnach auf der Oberfläche die kathodische Teilreaktion und im Loch die anodische Metallauflösung ablaufen. Die Folge ist eine sehr schnelle und lokal konzentrierte Metallauflösung. Unterschiede in der Konzentration des Oxidationsmittels im Elektrolyt können auch an anderen partiell abgedeckten Oberflächen auftreten, bei denen die Diffusion des Oxidationsmittels zu langsam abläuft. Besonders gefährdet für lokale Metallauflösung sind daher Spalte, Poren und Risse [29]. Passivierbare Metalle sind tendenziell anfällig für Lochkorrosion, weil ihre dünnen Passivfilme zwar nicht für Ionen jedoch aber für Elektronen leitfähig sind. Bei Verletzung der Passivschicht stellt der Rest der Passivschicht eine wirksame Kathode dar und kann mit der anodisch polarisierten Fehlstelle ein Lochkorrosionselement ausbilden [30].

Weitere Korrosionsarten, auf die hier nicht weiter eingegangen wird, sind z. B. Spannungsrisskorrosion, Innere Korrosion, Kontaktkorrosion sowie Heißgas- und Heißdampfkorrosion.

2.3.8 Literaturüberblick zur Korrosion in überkritischem CO_2

Bei den in den USA schon seit einigen Jahrzehnten betriebenen CO_2-Pipelines sind bisher keine größeren Korrosionsprobleme bekanntgeworden. Die Bravo Pipeline z. B. wurde 1984 fertiggestellt und wies bei Untersuchungen zwei Jahre später noch keinen feststellbaren Massenverlust durch Korrosion auf [42]. In [43] wird berichtet, dass in einer existierenden CO_2-Pipeline nach 12 Jahren Korrosionsraten von nur 0,25 bis 2,5 µm/a ermittelt wurden. Das in den USA transportierte CO_2 stammt nicht aus Kraftwerksrauchgasen sondern aus natürlichen CO_2-Quellen, aus Vergasungsprozessen oder es fällt bei der CO_2-Abtrennung im Rahmen der Erdgasförderung an [44]. Die in den USA transportierten CO_2-reichen Ströme weisen folglich eine völlig andere Zusammensetzung auf als die CO_2-reichen Ströme, die aus Kraftwerksrauchgasen mittels Oxyfuel- oder Post-Combustion-Verfahren abgetrennt werden. Der wichtigste Unterschied ist, dass bei den CO_2-reichen Strömen aus Kraftwerken mit diesen Abtrennverfahren eine oxidierende Atmosphäre mit signifikanten Restsauerstoffgehalten vorliegt, wohingegen bei den transportierten CO_2-reichen Strömen in den USA reduzierende Atmosphäre mit sehr geringen Sauerstoffkonzentrationen herrscht.

Die in Tabelle 4 dargestellten Auszüge aus den Spezifikationen für die CO_2-Reinheit des zu transportierenden CO_2 einiger amerikanischer Pipelines zeigen, dass alle CO_2-reichen Ströme sehr geringe Sauerstoffkonzentrationen aufweisen. In dem mittels Oxyfuel- oder Post-Combustion-Verfahren abgetrennten CO_2 aus Kraftwerksrauchgasen sind höhere Wasserdampf- und Sauerstoffkonzentrationen sowie weitere Begleitstoffe zu erwarten. Daher können die Erfahrungen über den Transport von CO_2 in Pipelines in den USA nicht einfach auf den Transport von CO_2 aus Oxyfuel- und Post-Combustion-Verfahren übertragen werden. Einzig beim IGCC mit CO_2-Abtrennung liegt ebenfalls reduzierende Atmosphäre vor, weshalb in diesem Fall ein ähnliches Korrosionsverhalten wie bei den existierenden amerikanischen Pipelines zu erwarten ist, falls die Begleitstoffkomponenten H_2O und Schwefelwasserstoff auf ein vergleichbares Niveau reduziert werden können. Bei Literaturangaben zur Korrosivität von CO_2-reichen Fluidgemischen ist daher immer zwischen Untersuchungen in nahezu sauerstofffreier Atmosphäre und Untersuchungen in sauerstoffhaltiger Atmosphäre zu unterscheiden. Über das Korrosionsverhalten von sauerstoffhaltigem CO_2 aus Kraftwerksrauchgasen auf Pipeline- oder Verdichterwerkstoffe, wie es im Rahmen dieser Arbeit untersucht wird, gibt es kaum veröffentlichte Literatur.

Tabelle 4: Auszug aus den Spezifikationen zur CO_2-Reinheit einiger CO_2-Pipelines und Pipelinebetreibern in den USA [45], [46]

	Canyon Reef	Weyburn pipeline	Gullfaks	NETL	Kinder Morgan
CO_2	> 95 %	96 %	99,5 %	-	> 95 %
H_2O	250 ppmw kein flüssiges Wasser	< 20 ppm	-5 °C Taupunkt	233 K Taupunkt	< 600 ppm, kein flüssiges Wasser
H_2S	1500 ppmw	0,9 %	-	-	< 20 ppmw
SO_2	-	-	< 10 ppm	-	-
NO_x	-	-	< 50 ppm	-	-
O_2	10 ppmw	< 50 ppm	< 10 ppm	< 40 ppm	< 10 ppmw

Untersuchungen in nahezu sauerstofffreien Atmosphären

Da die zurzeit eingesetzten CO_2-Pipelines reduzierende, CO_2-reiche Fluidgemische transportieren, wurden in den existierenden Studien über Pipelinekorrosion auch hauptsächlich solche Fluidzusammensetzungen untersucht. Es ist bekannt, dass reines, trockenes CO_2 nicht korrosiv ist, solange Temperaturen von 400 °C nicht überschritten werden [4], [47]. Laut [48] ist Kohlenstoffstahl für trockene, aber nicht für wasserhaltige, CO_2-reiche Fluidgemische einsetzbar. [42] und [49] berichten, dass in reduzierender Atmosphäre keine Korrosionsprobleme bei Kohlenstoffstählen auftreten, solange die Wasserdampfkonzentration 50 ppm oder 60 % des Sättigungsgehalts nicht überschreitet.

In [50] wurden Untersuchungen über die Korrosivität von abgetrenntem CO_2 aus Erdgas auf Kohlenstoffstähle durchgeführt. Kohlenstoffstahl wurde in einem sauerstofffreien Fluidgemisch aus CO_2 mit Konzentrationen von 1000 ppm Wasserdampf und 800 ppm H_2S ausgelagert. Der untersuchte Kohlenstoffstahl zeigte nach vier- und sechswöchigen Versuchen keine signifikanten Korrosionserscheinungen und wies Korrosionsraten von nur ca. 0,5 µm pro Jahr auf. Die Proben zeigten zudem keine Anzeichen von Lochkorrosion. In [51] wurde die Korrosion von Kohlenstoffstählen in strömendem und feuchtem CO_2 unter Anwesenheit von flüssigem Wasser untersucht. Nach anfänglich hohen Korrosionsraten im Bereich von einigen mm/a bildete sich bei den Versuchen eine $FeCO_3$-Schicht, die eine passivierende Wirkung hatte. Durch die Schutzschicht blieben die Korrosionsraten nach 50 h fast konstant bei ungefähr 0,5 mm/a. Die Strömungsgeschwindigkeit hatte keine signifikanten Auswirkungen auf die Korrosionsraten. Die Existenz von flüssigem Wasser in der Pipeline ist unbedingt zu vermeiden, weil es sonst zu Korrosionsraten von mehreren mm/a kommen kann [52]. Das Auftreten von flüssigem Wasser ist somit nur als Störfall zu betrachten. Weitere Versuche mit Kohlenstoffstählen in CO_2-gesättigtem Wasser wurden von [51], [53] und [54] durchgeführt und belegen ebenfalls die Bildung von $FeCO_3$-Schichten bei Anwesenheit von flüssigem Wasser. In [55] wurden elektrochemische Untersuchungen an Kohlenstoffstahlproben in einer flüssigen Wasser/CO_2-Phase bei Versuchsbedingungen nahe dem kritischen Punkt von CO_2 durchgeführt. Die ermittelten Korrosionsraten waren im niedrigen mm/a-Bereich. Unter Zugabe von MEA sanken diese jedoch deutlich ab.

In [56] wurde Kohlenstoffstahl in wasserdampfgesättigtem CO_2 und in CO_2-gesättigtem Wasser auf Korrosionsschäden untersucht. Die Temperaturen und Drücke lagen dabei mit 22 °C und 62,5 bar allerdings unterhalb des kritisches Punktes für CO_2. Die Korrosion in der wasserdampfgesättigten CO_2-Phase war dabei erheblich schneller als in CO_2-gesättigtem Wasser. Als Korrosionsprodukt wurde ebenfalls $FeCO_3$ identifiziert. Zudem wurden Versuche, die keinerlei Anzeichen von Korrosion zeigten, in ungesättigtem CO_2 mit 610 ppmw Wasserdampf, also unterhalb der Löslichkeitsgrenze, durchgeführt. Bei einem Wasserdampfgehalt von 998 ppmw, welcher knapp unter der Löslichkeitsgrenze von ca. 1100 ppmw lag, gab es Anzeichen gleichmäßiger Korrosion geringen Ausmaßes. Die Zugabe von H_2S zu dem CO_2-H_2O-Gemisch steigerte den gleichmäßigen Flächenabtrag deutlich.

Untersuchungen in sauerstoffhaltigen Atmosphären

In [4] wurde eine Literaturstudie zum Einfluss von Begleitstoffen in abgetrenntem CO_2 auf die Kompression und den Pipelinetransport durchgeführt. Die Wasserdampf- und die Sauerstoffkonzentration werden dabei als wichtige Parameter für die Korrosivität der Fluidgemische identifiziert. Zudem wurde gezeigt, dass es noch kaum Informationen über den Effekt von SO_x und NO_x in CO_2-reichen Strömen auf das Korrosionsrisiko für Pipelinewerkstoffe gibt. Daher konnten noch keine belastbaren Richtwerte für die tolerierbaren SO_x- und NO_x-Konzentrationen formuliert werden.

In [57] wird berichtet, dass sich auf Kohlenstoffstahl in wasserdampfgesättigtem CO_2 eine Eisenkarbonatschicht ($FeCO_3$) bildete. Nachdem SO_2 zugegeben wurde, bildete sich außerdem Eisensulfithydrat ($FeSO_3$-$3H_2O$). Unter Zugabe von O_2 wurden beide Produkte jedoch weiter zu Eisenhydroxid ($FeOOH$) und Eisensulfat ($FeSO_4$) oxidiert. Dies deutet darauf hin, dass in oxidierenden Atmosphären die Bildung einer Schutzschicht aus $FeCO_3$ gestört wird. In [58] werden Versuche mit $CO_2/O_2/SO_2/H_2O$-Systemen gemacht, bei denen der Wasserdampfgehalt so variiert wird, dass das Fluidgemisch wasserdampfgesättigt und –ungesättigt vorliegt. Die ermittelten Korrosionsraten des CO_2/H_2O-System im ungesättigten Fall lagen mit 0,01 mm/a deutlich unter denen des gesättigten Falls mit 0,38 mm/a. Bei Zugabe von Sauerstoff blieb die Korrosivität des ungesättigten Fluidgemisches unverändert niedrig. In der Nähe der Sättigung wurde $FeCO_3$-Bildung beobachtet. Bei Zugabe von 4 % O_2, 1 % SO_2 und 650 ppm H_2O stieg die Korrosionsrate deutlich auf 3,5 mm/a. Die Zugabe von SO_2 kann also die Korrosivität eines CO_2-reichen Fluidgemisches steigern, auch wenn das Wasser gelöst in Form von Wasserdampf vorliegt. In [58] wird zudem berichtet, dass SO_2 im CO_2-reichen Fluidgemisch eine ähnliche Wirkung hat wie bei der atmosphärischen Korrosion.

Bisher existieren lediglich zwei Veröffentlichungen eines Autors von Versuchsergebnissen über die Korrosivität von CO_2 mit den Begleitstoffen SO_2, O_2, H_2O und NO_2 bei dem die Wasserdampfkonzentration unterhalb der Sättigungskonzentration liegt [59], [60]. Dort wird berichtet, dass ein Fluidgemisch aus CO_2 mit 500 ppmw SO_2 und bis zu 500 ppmw Wasserdampf als Begleitstoffe zu äußerst geringen Korrosionsraten von 0,01 mm/a führte. Bei einem CO_2-reichen Fluidgemisch mit Begleitstoffkonzentrationen von 500 ppmw NO_2 und 500 ppmw Wasserdampf wurden hohe Korrosionsraten bis zu 1,6 mm/a unter Bildung einer gelblichen Oxidschicht, die in Abbildung 8 dargestellt ist, ermittelt. Die Versuchsdauer betrug bei den Versuchen 10 bis 14 Tage. Bei Versuchen mit Begleitstoffkonzentrationen von 1000 ppmw SO_2, 200 ppmw Wasserdampf und 100 ppmw O_2 wurden nach einer Woche Versuchsdauer trotz der hohen SO_2-Konzentrationen geringe Korrosionsraten von 0,01 mm/a ermittelt. Die genauen Korrosionsmechanismen wurden jedoch nicht beschrieben. In [59] wurden zudem Untersuchungen von Kohlenstoffstählen in CO_2-gesättigtem Wasser mit O_2 als Begleitstoff durchgeführt. Hier zeigte sich, dass, wie auch schon in [57] festgestellt wurde, unter Anwesenheit von O_2 im CO_2-reichen Fluidgemisch die Bildung einer schützenden $FeCO_3$-Schicht gestört wird und die Korrosionsraten daher höher sind als in sauerstofffreien Fluidgemischen.

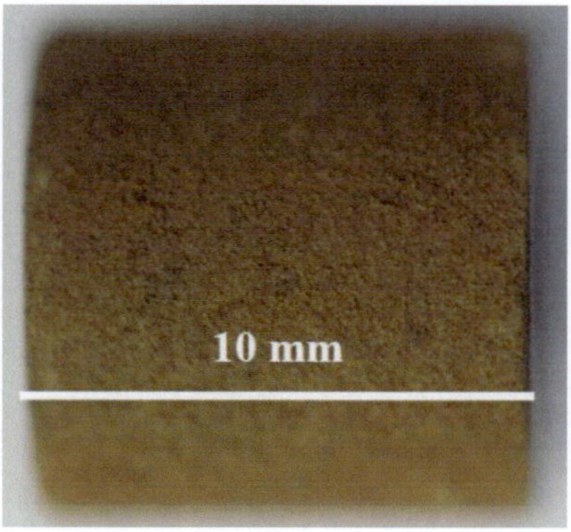

Abbildung 8: Oxidschicht auf einem Kohlenstoffstahl nach 10-tägiger Auslagerung in einem CO_2-reichen Fluidgemisch mit Begleitstoffkonzentrationen von 500 ppmw Wasserdampf und 500 ppmw NO_2 [60]

3 Anlagenaufbau und Messtechnik

3.1 Aufbau und Funktion des Versuchsstands

Am Institut für Energietechnik der TU Hamburg-Harburg wurde ein Versuchsstand errichtet, um den Einfluss von den Begleitstoffen in abgeschiedenem CO_2 aus Kraftwerksrauchgasen auf Pipeline- und Verdichterwerkstoffe zu untersuchen. Ziel des Versuchsstands war es, statische Auslagerungsversuche von verschiedenen Materialproben in überkritischen, CO_2-reichen Fluidgemischen zu ermöglichen. Unter statischen Versuchen wird dabei verstanden, dass die Reaktionsgefäße nicht kontinuierlich mit Fluid durchströmt werden, sondern nach dem einmaligen Einbringen der Fluidgemische verschlossen werden. Außerdem werden die Parameter Druck und Temperatur während der Versuchsdauer konstant gehalten.

Der Versuchsstand besteht aus vier Hochdruckautoklaven aus unterschiedlichen Materialien. Darunter sind zwei ein Liter Hastelloy-Autoklaven (Autoklav 1 und Autoklav 2) der Firma Parr Instruments, die über einen Thermostaten (Petite Fleur der Firma Huber Kältetechnik) temperiert werden. Zwei weitere Autoklaven aus Edelstahl (1.4571) weisen 1,1 Liter (Autoklav 3) bzw. 0,28 Liter Volumen (Autoklav 4) auf. Autoklav 3 wird dabei über eine Heizplatte mit integriertem Magnetrührer (IKAMAG RCT Basic der Firma IKA) beheizt. Autoklav 4 kann über seitliche und von unten angebrachte elektrische Heizplatten beheizt werden und weist zwei Langlochsichtfernster auf. Diese ermöglichen die visuelle Beobachtung der Korrosionsvorgänge. In Tabelle 5 sind die technischen Daten der vier Autoklaven aufgelistet.

Tabelle 5: Technische Daten der vier eingesetzten Autoklaven

	Werkstoff	Temperaturbereich in °C	Druckbereich in bar	Volumen in ml
Autoklav 1	Hastelloy	-40 – 150	1 – 150	970
Autoklav 2	Hastelloy	-40 – 150	1 – 150	970
Autoklav 3	Edelstahl (1.4571)	25 – 150	1 – 100	1100
Autoklav 4	Edelstahl (1.4571)	25 – 100	1 - 150	280

Alle sonstigen medienberührenden Teile wie Rohre, Ventile und Messsonden sind in Edelstahl (1.4571) ausgeführt. Zum Befüllen der Autoklaven wird eine Spritzenpumpe (Isco 500D der Firma Teledyne Isco) mit einem Hubvolumen von 507,5 ml eingesetzt. Die Verrohrung besteht aus Edelstahlrohren (1.4571) mit acht mm Außendurchmesser und einem mm Wanddicke. Die Rohrstrecke von der Spritzenpumpe zu den beiden Hastelloyautoklaven ist dabei gleichlang, um das effektive Volumen der beiden Autoklaven gleich zu halten. Unter effektivem Volumen wird hier das Volumen des Autoklavs einschließlich des Volumens der Zuleitungen ausgehend vom Pumpenaustritt verstanden. Abbildung 9 zeigt ein Foto des Versuchsstands. Im Vordergrund sind der Thermostat und ein Hastelloy-Autoklav zu sehen. In Abbildung 10 ist der Autoklav 4 dargestellt.

Abbildung 9: Foto des Korrosionsversuchsstands

Abbildung 10: Foto des Autoklavs 4 mit Sichtfenstern

Die Zugabe der verschiedenen Fluide in die Autoklaven erfolgt nacheinander über die Spritzenpumpe. Die Begleitstoffe liegen zur besseren Dosierung bereits mit CO_2 vorgemischt vor. Aus Sicherheitsgründen wurde der Versuchsstand in einem Container errichtet, dessen Atmosphäre kontinuierlich abgesaugt wird und der mit einem Gaswarner ausgestattet wurde. Da alle gesundheitsschädlichen Begleitstoffe bereits in CO_2 vorgemischt vorliegen, reichte die Installation eines CO_2-Gaswarners aus, um einen möglichen Austritt von Gasen zu detektieren. Der Container wird zudem kontinuierlich auf 25°C temperiert. Beim Entleeren der Autoklaven wurden die Gase entweder aus dem Container geführt und an die Außenluft abgegeben oder einer Gasanalyse zugeführt.

3.2 Messtechnische Ausrüstung

Die eingesetzte messtechnische Ausrüstung umfasst die Temperaturmessung, die Druckmessung, die Bestimmung von Massenänderung, die Gasanalyse sowie die Messdatenerfassung.

3.2.1 Temperaturmessung

Am Versuchsstand werden an sechs Stellen Temperaturmessungen durchgeführt. Dies umfasst die Temperaturen in den vier Autoklaven, eine Temperaturmessung in der Sammelleitung vor der Pumpe sowie die Raumtemperatur im Container. Die Temperaturmessung im Autoklav 4 erfolgt mit einem Thermoelement Typ K (NiCr-Ni). Die Temperaturmessung am Autoklav 3 wird mit einem PT1000 durchgeführt, der an der Heizplatte angeschlossen ist und zu deren Regelung dient. Für alle übrigen Temperaturmessungen werden PT100 verwendet. Besonders die Temperaturmessung vor der Pumpe ist wichtig, da über Druck und Temperatur die erforderlichen Volumenströme der vorgemischten Begleitstoffe berechnet werden. Alle Temperaturen, außer der Temperatur im Autoklav 3, werden online erfasst und aufgezeichnet.

3.2.2 Druckmessung

Analog zu den Temperaturmessungen werden auch die Drücke in den Autoklaven, der Druck in der Sammelleitung vor der Pumpe und der Umgebungsdruck gemessen. Alle Drücke werden dabei über Druckmessumformer des Typs S-10 der Firma Wika ermittelt und online aufgezeichnet.

3.2.3 Messung der Massendifferenz

Die Massendifferenz der Proben vor und nach den Versuchen wird mit einer Analysewaage BL2105 der Firma Sartorius bestimmt, deren Messgenauigkeit laut Herstellerangaben bei 0,1 mg liegt. Die Mehrzahl der Versuche wurde mit Proben mit den Maßen 50·27·6 mm durchgeführt. Dies entspricht einer Oberfläche von 33,54 cm^2. Unter der Annahme, dass diese Proben aus reinem Eisen mit der Dichte von 7,874 g/cm^3 bestehen und einer Versuchsdauer von 168 h angesetzt werden, entspricht die Messgenauigkeit der Analysenwaage einer Korrosionsrate von ca. 0,2 µm/a.

3.2.4 Gasanalyse

Die Fluidgemische in den Autoklaven können bei Bedarf auf ihre Zusammensetzung hin analysiert werden. Dazu werden sie über einen Leitungsdruckminderer auf nahezu Umgebungsdruck entspannt und der Gasanalyse zugeführt. Das Gas wird zunächst auf 6 °C gekühlt. Dadurch wird eventuell enthaltene Feuchtigkeit im Gas soweit reduziert, dass das Gas als trocken angesehen werden kann. Die gemessenen Konzentrationen beziehen sich deshalb auf den trockenen Zustand. Ein Teilstrom des zu analysierenden Gasstroms wird anschließend zum NO/NO_x-Analysator geleitet. Ein weiterer Teilstrom wird der SO_2-Messung zugeführt. Der Reststrom durchströmt nacheinander den CO/CO_2- und den O_2-Analysator.

Zur Bestimmung der Stickoxidkonzentrationen wird ein CLD 700 EL der Firma Ecophysics eingesetzt, welches das Prinzip der Chemilumineszensdetektion (CLD) ausnutzt. Zur Messung der NO-Konzentration wird einem Teilstrom des Probengases in einer Messkammer Ozon zugegeben, welches NO-Moleküle zu NO_2-Molekülen oxidiert. Ein Teil von ca. 20 % dieser NO_2-Moleküle wird in einen elektronisch angeregten Zustand überführt, von denen wiederum ein Teil durch Emission elektromagnetischer Strahlung in den Grundzustand übergeht. Diese Strahlung ist bei hohem Ozonüberschuss proportional zur NO-Konzentration im Probengas, wird auf Photozellen detektiert und ermöglicht so die Bestimmung der NO-

Konzentration. Der NO_2-Anteil wird in einer zweiten Messkammer ermittelt. Dazu wird in dem restlichen Teilstrom NO_2 in einem Konverter zu NO umgewandelt. Anschließend wird analog zum Vorgehen in der ersten Messkammer die NO-Konzentration bestimmt, die nun der gesamten NO_x-Konzentration im Probengas entspricht. Aus der Differenz zwischen der gesamten NO_x-Konzentration und der NO-Konzentration aus der ersten Messkammer kann der NO_2-Anteil berechnet werden [61]. Diese Messung weist bei erhöhter CO_2-Konzentration im Probengas Querempfindlichkeiten auf, die in [9] zu 0,08 % je 1 % CO_2 ermittelt wurden. Da bei den Versuchen sehr hohe CO_2-Reinheiten und -Konzentrationen vorliegen, beträgt die Querempfindlichkeit ca. 8 %.

Mit einem BINOS 102.2M der Firma Rosemount werden die CO_2- und CO-Konzentrationen gemessen. Dabei wird die Absorption infraroter Strahlung durch diese Gase ausgenutzt. Durch die Absorption der Strahlung erwärmt sich die mit Probengas gefüllte Kammer gegenüber einer Vergleichskammer, die mit nicht absorbierendem Gas wie Stickstoff gefüllt ist. Diese Temperaturdifferenz wird über die Verschiebung einer Metallmembran in ein elektrisches Signal umgewandelt, welches proportional zur Konzentration der zu messenden Komponenten ist. Die Messbereiche für die CO-Messung liegen bei 0-3000 ppmv und für die CO_2-Messung bei 0-100 Vol.-% [62].

Die SO_2-Konzentration im Probengas wird ebenfalls mittels Infrarot-Absorption mit einem Sidor der Firma Sick-Maihak gemessen. Die Messgenauigkeit des Gerätes wird auf 1 % des Messbereichs angegeben, der zwischen 0-2000 ppmv und 0-10000 ppmv variiert werden kann [63].

Für die Sauerstoffkonzentrationsmessung wird die paramagnetische Eigenschaft des Sauerstoffs und die diamagnetische Eigenschaft von Stickstoff genutzt. Hierfür werden zwei mit Stickstoff gefüllte Glaskugeln in einem Magnetfeld drehend gelagert. Der im Gasgemisch enthaltene Sauerstoff führt durch die magnetische Wechselwirkung mit dem Stickstoff in den Kugeln dazu, dass letztere ausgelenkt werden. Diese Auslenkung wird über Spiegel auf Photozellen übertragen und von diesen detektiert. Der hier eingesetzte Servomex 0A580 weist bei Messbereichen von 0-10, 0-25 oder 0-100 Vol.-% und einem streng linearen Verhalten eine Genauigkeit von 1 % auf [9].

3.2.5 Erfassung der Versuchsparameter

Zur Überwachung der Versuche wird der Großteil der Prozessparameter messtechnisch erfasst und kontinuierlich rechnergestützt aufgezeichnet. Darunter fallen alle gemessenen Drücke, sowie alle gemessenen Temperaturen mit Ausnahme der Temperatur im Autoklav 3. Letztere wird zwar gemessen, das elektrische Signal wird aber zur Regelung der Heizplatte verwendet, konnte nicht aufgezweigt werden und steht nicht zur online Aufzeichnung zur Verfügung. Die gemessene Temperatur wird jedoch an der Heizplatte angezeigt.

Die an den Messstellen ermittelten Spannungs- und Stromsignale werden über Messumformer in Spannungssignale von 0-10 V umgewandelt. Diese werden über einen Analog/Digital-Wandler in digitale Signale umgewandelt. Die Darstellung und Aufzeichnung der Messdaten erfolgt über eine Messdatenerfassung, die mit dem Programmpaket Labview erstellt wurde. Die gemessenen Daten werden dabei einmal pro Minute aufgezeichnet. Die graphische Darstellung wird jede Sekunde aktualisiert.

4 Versuchsprogramm und -durchführung

4.1 Versuchsprogramm

Im Rahmen dieser Arbeit wird der Einfluss von Begleitstoffen im abgeschiedenen CO_2 aus Kraftwerksrauchgasen auf acht verschiedene Werkstoffe untersucht. Diese wurden zuvor von der Bundesanstalt für Materialforschung und- prüfung als potentielle Werkstoffe für den Einsatz in CO_2-Pipelines und CO_2-Kompressor ermittelt. In Tabelle 6 sind die Werkstoffnummer und der Kurzname der verschiedenen Materialien, unterteilt nach deren Einsatzgebieten in Pipelines oder Kompressoren, aufgelistet.

Tabelle 6: Auflistung der untersuchen Werkstoffe, unterteilt nach deren Einsatzgebieten

Pipeline		**Kompressor**	
Werkstoff-Nr.	Kurzname	Werkstoff-Nr.	Kurzname
1.0484	L290NB	1.4313	X3CrNiMo13-4
1.0582	L360NB	1.4542	X5CrNiCuNb16-4
1.8977	L485MB	1.4006	X12Cr13
1.1018	Weicheisen	3.7165	Ti-Al6-V4

Bei den vier Pipelinewerkstoffen handelt es sich um drei Kohlenstoffstähle sowie Weicheisen als Referenz. Diese vier Werkstoffe weisen niedrige Korrosionsbeständigkeiten auf. Die Kompressorwerkstoffe dagegen sind hochlegierte Stähle mit hohen Chrom- und Nickelanteilen sowie eine Titan-Aluminium-Legierung, die alle eine hohe Korrosionsbeständigkeit aufweisen. Die chemische Zusammensetzung der acht Werkstoffe ist in Tabelle 8 im Anhang aufgeführt.

Die Korrosivität der in Abschnitt 2.1 definierten Fluidzusammensetzungen war zu Beginn dieser Arbeit nicht bekannt. Von den drei untersuchten CO_2-Abtrennungsverfahren weisen Fluidgemische des Oxyfuel-Szenarios Zero-Emission die höchsten Begleitstoffkonzentrationen und somit das höchste Korrosionspotential auf. Daher wurde die Mehrzahl der Untersuchungen mit Fluidgemischen des Oxyfuel-Szenarios Zero-Emission durchgeführt. Da das Szenario Post I die gleichen Begleitstoffe enthält, können Aussagen über Korrosionsmechanismen aus Untersuchungen mit Oxyfuel-Fluidgemischen auf Fluidgemische des Szenarios Post I übertragen werden. Die Versuche in den Autoklaven 1 und 2 wurden bei 110 bar durchgeführt. In den Autoklaven 3 und 4 wurde der Druck aus Festigkeitsgründen auf 100 bar limitiert.

Zunächst wurden im Autoklav 4 Versuche zur Identifikation der aus korrosionstechnischer Sicht kritischen Begleitstoffe durchgeführt. Dafür wurden Werkstoffproben aus 1.0582 in verschiedenen Fluidgemischen, die in Tabelle 7 dargestellt sind, eine Woche lang ausgelagert und die Veränderung der Probenoberfläche durch die Sichtfenster visuell beobachtet und fotografisch festgehalten. Mittels dieser Versuche konnten O_2, H_2O sowie NO und SO_2 als kritische Begleitstoffkomponenten ermittelt werden. In weiteren Versuchen in den Autoklaven 1 bis 3 wurden die vier Pipelinewerkstoffe bei den verschiedenen, definierten Fluidzusammensetzungen ausgelagert und die Korrosionsrate nach einer bestimmten Versuchsdauer, die zumeist eine Woche betrug, ermittelt. Dabei wurden die Konzentrationen der vier kritischen Begleitstoffe sowie die Temperatur und damit auch die Dichte der CO_2-reichen Fluidgemische variiert und deren quantitative Auswirkungen auf die Korrosionsraten ermittelt. Die Versuche in Autoklav 4 mit den Pre-Combustion-Fluidgemischen des Szenarios Selexol™ mit 1000 und 600 ppm H_2O zeigten, dass CO_2 mit H_2O, H_2S und CO als Begleitstoffen nicht korrosiv ist, solange Wasser nicht in flüssiger Form vorliegt. Diese Ergebnisse decken sich mit Angaben aus der Literatur [42], [49], [50]. Weil daher der Transport dieser Pre-Combustion-Fluidgemische als unkritisch angesehen werden kann, solange die relative Feuchte des Fluidgemisches 60 % nicht übersteigt, wurden keine weiteren Auslagerungsversuche mit Pre-Combustion-Szenarien durchgeführt [49].

Um den Störfall von flüssigem Wasser in der Pipeline zu untersuchen, wurden zudem einige Auslagerungsversuche mit Werkstoffproben in flüssigem Wasser unter Aufbringung verschiedener CO_2-reicher Fluidgemische durchgeführt und die Korrosionsraten der Pipelinestähle unter diesen verschärften Bedingungen ermittelt.

Die Verdichterwerkstoffe wurden in dem korrosivsten Fluidgemisch des Oxyfuel-Szenarios Zero-Emission mit 1000 ppm H_2O bei 60 °C und bei 150 °C untersucht. Da dort keine Korrosionserscheinungen festgestellt wurden, kann davon ausgegangen werden, dass keines der definierten Fluidgemische signifikante Korrosionsschäden an den hier untersuchten Verdichterwerkstoffen hervorruft. Es ist jedoch bekannt, dass es bei existierenden CCS-Pilotanlagen, z. B. in Lacq, aufgrund von Säurebildung im Kondensat zu Korrosionsschäden im Kompressor gekommen ist [64]. Um saures Kondensat zu simulieren wurden Auslagerungsversuche mit Proben in flüssigem Wasser unter einem Fluidgemisch des Oxyfuel-Szenarios Zero-Emission durchgeführt. Dabei erreichte die Lösung nach Öffnen der Autoklaven bei Raumtemperatur und Umgebungsdruck pH-Werte zwischen eins und zwei. Da die Kondensate in Lacq pH-Werte nahe null aufwiesen, wurde ein weiterer Auslagerungsversuch in einer Mischung aus Schwefel- und Salpetersäure mit dem pH-Wert null durchgeführt.

4.2 Versuchsdurchführung

Vor jedem Versuch wurden zunächst die Werkstoffproben vorbereitet. Breite und Höhe waren dabei für alle Proben konstant und lagen bei 27 · 50 mm. Die Dicke der Proben variierte je nach Ausgangswerkstück zwischen 5 und 6 mm. Lediglich die Titan-Aluminium-Legierung wies eine Dicke von 2 mm auf. Die Proben wurden zur Aufhängung in den Autoklaven mit einer 6 mm Bohrung und Einschlagzahlen zur Identifikation versehen. Anschließend wurden die Proben mit Schleifpapier mit einer 800er Körnung geschliffen, so dass eine weitestgehend oxidfreie und ebene Oberfläche gewährleistet werden konnte, die für eine Vergleichbarkeit der Versuche entscheidend ist. Vor den Versuchen wurden die Proben mittels eines Acetonbads entfettet und auf der Feinwaage gewogen. Anschließend wurden die Proben auf Glasbäumchen (Autoklav 1-3) oder einer Halterung aus Titanoxid (Autoklav 4) montiert und in den Autoklav gestellt. Um das Verhältnis zwischen

Probenoberfläche und Mole des korrosiven Mediums nicht zu klein werden zu lassen wurden in den Autoklaven 1 bis 3 jeweils zwei Proben pro Versuch und im Autoklav 4 nur eine Probe pro Versuch eingebracht. Mittels einer µl-Spritze wurde die erforderliche Menge vollentsalzten Wassers in eine im Autoklav befindliche Keramikschale gegeben. Danach wurde der Autoklav verschlossen. Nach dem Verschließen wurden das gesamte Rohrleitungssystem und anschließend der Autoklav über die Ventile mittels reinem CO_2 gespült. Danach wurde der Autoklav mit dem gewünschten Fluidgemisch befüllt. Das in der Keramikschale befindliche Wasser löste sich nach dem Befüllen in dem überkritischen, CO_2-reichen Gemisch. Der Befüllungsvorgang wird im Folgenden genauer erläutert.

4.2.1 Befüllungsvorgang der Autoklaven

Die Schwierigkeit bei der Befüllung der Autoklaven mit den in Kapitel 2 definierten Fluidgemischen bestand in der Dosierung der teilweise sehr geringen Begleitstoffkonzentrationen. Gelöst wurde dieses Problem, indem die Begleitstoffe bereits in CO_2 vorgemischt bezogen wurden. Die erforderlichen Mengen der einzelnen CO_2/Begleitstoff-Gemische wurden über ein in Microsoft Excel geschriebenes Tool berechnet. Dieses Tool basiert auf den Span-Wagner und Peng-Robinson Zustandsgleichungen. Zunächst wurde definiert, bei welchem Druck und bei welcher Temperatur der Auslagerungsversuch ablaufen sollte (z. B. 60 °C und 110 bar).

Anschließend wurde unter Berücksichtigung des effektiven Volumens des Autoklavs, der Dichte und der Molmasse die Anzahl der im Autoklav befindlichen Mole bei Versuchsdruck und –temperatur berechnet. Für die Berechnungsmethode der Gesamtmole gab es in Abhängigkeit von der Fluidzusammensetzung zwei Ansätze. Für Fluidgemische des Szenarios Zero-Emission mit Sauerstoffkonzentrationen von 4,7 Vol.-% wurde die Dichte des Fluidgemisches mit Aspen Plus unter Verwendung der Peng-Robinson Zustandsgleichung berechnet. Dabei wurde aufgrund der geringen Konzentrationen der anderen Begleitstoffe nur von einem Zweikomponentengemisch aus reinem CO_2 und O_2 ausgegangen. In Aspen Plus wurde der modifizierte Mischungskoeffizient $k_{CO2/O2}$=0,1116 für CO_2/O_2-Gemische nach [65] implementiert. Bei allen anderen Fluidgemischen, die alle Begleitstoffkonzentrationen unter einem Prozent aufwiesen, wurde der Einfluss der Begleitstoffe auf die Dichte vernachlässigt und die Dichte von reinem CO_2 über die

Span-Wagner Gleichung [66] berechnet. In Abbildung 11 sind die Dichten von reinem CO_2 und von einem CO_2-reichen Fluidgemisch mit 4,7 Vol.-% O_2 in Abhängigkeit vom Druck bei 60 °C aufgetragen, die mittels der oben beschriebenen Zustandsgleichungen ermittelt wurden. Es ist zu erkennen, dass der Verlauf der Dichten oberhalb des kritischen Punktes auseinandergeht. Bei 110 bar ist die Dichte des CO_2/O_2-Fluidgemisches etwa 13 % geringer.

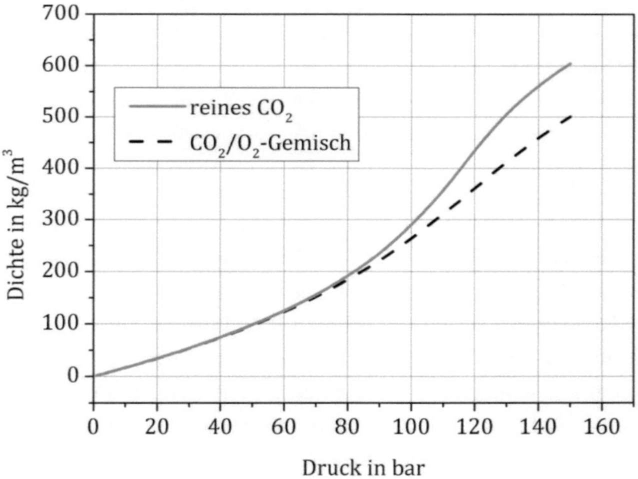

Abbildung 11: Dichte als Funktion des Drucks, aufgetragen für reines CO_2 und ein Fluidgemisch aus 4,7 Vol.-% O_2 und CO_2 bei 60 °C

Über die gewünschte Fluidzusammensetzung und die ermittelte Gesamtmolzahl konnte die erforderliche Stoffmenge der Begleitstoffe berechnet werden. Über das Mischungsverhältnis, welches durch Analysezertifikate des Gaslieferanten Westfalen AG bestätigt wurde, konnten so die erforderlichen Stoffmengen der verschiedenen CO_2/Begleitstoff-Gemische berechnet werden. Druck und Temperatur wurden in der Zuleitung zur Spritzenpumpe konstant auf 11 bar und 25 °C gehalten. Über diese beiden Parameter und die Dichte des CO_2/Begleitstoff-Gemisches konnte das zu fördernde Volumen bestimmt werden. Für die Berechnung der Dichte wurde ebenfalls angenommen, dass der Einfluss der Begleitstoffkonzentrationen von maximal 0,5 Vol.-% vernachlässigt und das Gemisch als reines CO_2 behandelt werden kann. Somit konnte die Dichte über die Span-Wagner-Gleichung bestimmt werden. Für Versuche mit hohen Sauerstoffkonzentrationen wurde reiner, nicht in CO_2 vorgemischter Sauerstoff eingesetzt. Das zu fördernde O_2-Volumen wurde dann analog zu den CO_2/Begleitstoff-Gemischen berechnet. Die Dichte von Sauerstoff wurde über die Peng-Robinson-Gleichung bestimmt.

Die eingesetzte Spritzenpumpe ermöglichte es, das zu fördernde Volumen jedes Pumpenhubs mit 0,1 ml Genauigkeit einzustellen. Um Totvolumia zu berücksichtigen, wurde eine Befüllungsprozedur entwickelt, welche im Folgenden anhand des in Abbildung 12 dargestellten Versuchsstandsschemas erläutert wird.

Wie bereits erwähnt, wurde nach dem Verschließen der Autoklaven die gesamte Anlage mit reinem CO_2 gespült. Anschließend wurde das Auslassventil des zu befüllenden Autoklavs geschlossen und das Rohrleitungssystem inklusive des zu befüllenden Autoklavs mit reinem CO_2 auf einen Druck von 11 bar gebracht. Dann wurden das Auslassventil der Pumpe (Ventil 10) und das Einspeiseventil des reinen CO_2 (Ventil 1) geschlossen. Durch Öffnen des Einspeiseventils für eine CO_2/Begleitstoff-Mischung (Ventil 2-5) und durch definiertes Herunterfahren des Pumpenkolbens wurde das zuvor berechnete Volumen in den Zylinder der Pumpe und die Zuleitung gefördert. Durch Schließen des Pumpeneinlassventils, Hochfahren des Pumpenkolbens und Öffnen des Pumpenauslassventils wurde das Gas in den Autoklav gefördert. Das verbliebende Totvolumen in der Zuleitung der Pumpe wurde mit dem nächsten Pumpenhub gefördert. Nach der Zugabe der Begleitstoffgemische folgte noch ein Pumpenhub mit reinem CO_2, um das Totvolumens des letzten Hubs mit Begleitstoffen in den Autoklav zu fördern. Da der Restdruck in der Pumpe mit zunehmendem Druck im Autoklav anstieg, wurde vor dem erneuten Befüllen der Pumpe der Kolben bei geschlossenen Ein- und Auslassventilen soweit abgesenkt, dass sich der Druck in der Pumpe auf das gleiche Druckniveau (11 bar) wie in der Zuleitung einstellte. Das führte dazu, dass sich das förderbare Volumen der Pumpe mit jedem Hub etwas verringerte.

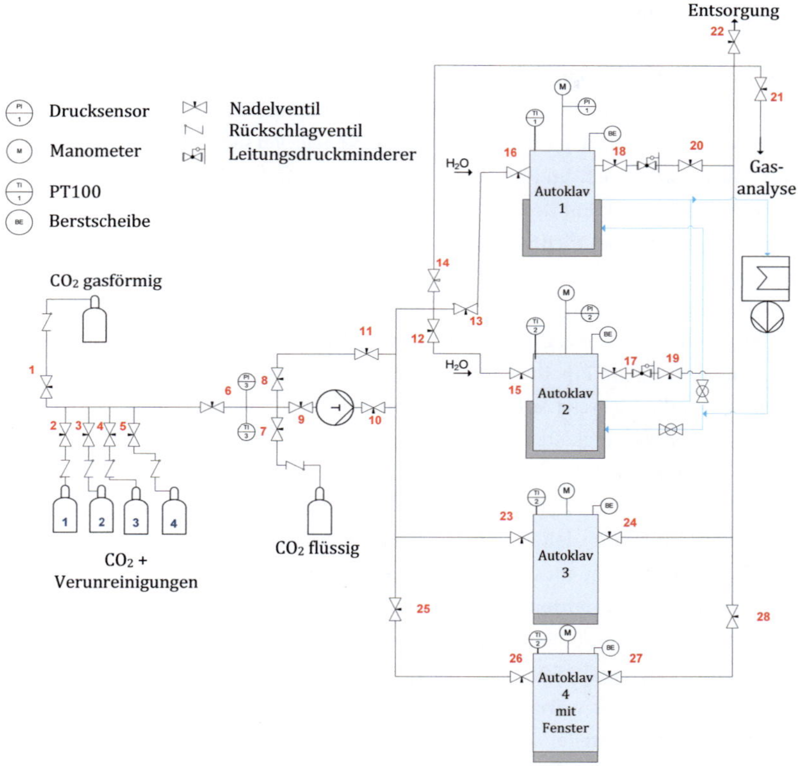

Abbildung 12: Schematische Darstellung des Versuchsstands mit Nummerierung der Ventile

Das durch das Absenken des Kolbens entstandene Volumen musste beim darauffolgenden Befüllungsvorgang von dem eingefüllten Volumen abgezogen werden. Die letzten Hübe wurden mit flüssigem CO_2 durchgeführt, da durch den erhöhten Vordruck der gewünschte Versuchsdruck in den Autoklaven schneller erreicht wurde. Der so durchgeführte Befüllungsvorgang eines Autoklavs dauerte je nach Fluidgemisch ca. 1 - 1,5 h.

4.2.2 Experimentelle Randbedingungen

Die experimentellen Randbedingungen Druck und Temperatur richteten sich in erster Linie nach den Einsatzbedingungen der untersuchten Werkstoffe und nach den Einsatzgrenzen der Autoklaven. Der maximale Versuchsdruck war dabei für alle Werkstoffe gleich und lag bei 110 bar, beziehungsweise bei 100 bar in den Autoklaven 3 und 4. Ein Druck von 110 bar wurde gewählt, da dies einen in vielen Studien verwendeten Richtwert für den CO_2-Transport darstellt und innerhalb des üblichen Transportfensters von CO_2 von 85 bis 150 bar [67] liegt. Die Temperatur für die Versuche mit Pipelinematerialien wurde auf max. 60 °C begrenzt, da davon auszugehen ist, dass das CO_2 nach dem Verdichtungsprozess gekühlt wird und diese Temperatur beim Pipelineeintritt nicht überschritten wird. Die Kühlung ist notwendig, um die Dichte zu erhöhen und somit den Druckverlust durch die dann geringeren Geschwindigkeiten in der Pipeline zu vermindern. Innerhalb der Pipeline würde sich das CO_2 bis nahe an die Temperatur des sie umgebenden Erdreichs abkühlen. Da die Korrosion ein chemischer Prozess ist und in der Regel bei höheren Temperaturen tendenziell schneller abläuft, wurde für die Versuchsdurchführung mit 60°C zunächst die maximal zu erwartende Temperatur gewählt. Um den Temperatureinfluss zu ermitteln, wurde in weiteren Versuchen der Temperaturbereich zwischen 10 °C und 60 °C variiert. Bei den Versuchen mit Kompressorwerkstoffen wurden mit 60 °C und 150 °C zwei Temperaturen untersucht. Die Versuche mit der höheren Temperatur wurden durchgeführt, da sich das CO_2 bei der Kompression erwärmt. 150 °C stellt dabei die maximal erreichbare Temperatur in den Autoklaven dar.

Neben den Versuchen in CO_2 mit gelöstem Wasserdampf als Begleitstoff wurden zudem Versuche mit flüssigem Wasser durchgeführt, um Störfälle in der Pipeline und Bedingungen im Verdichterzwischenkühler zu simulieren. In diesen Fällen wurde die Werkstoffprobe in einem mit vollentsalztem Wasser gefüllten Becherglas in den Autoklav gestellt und das Fluidgemisch analog zu den Versuchen mit gelöstem Wasser eingebracht. Die Temperatur wurde hier sowohl für Pipeline- als auch für Kompressorwerkstoffe auf 60 °C festgelegt.

4.2.3 Ermittlung der Korrosionsraten

Nach Ablauf der Versuchsdauer wurden die Autoklaven entleert und die Proben entnommen. Um Restfeuchte im Autoklav für die nächsten Versuche zu vermeiden, wurden die Autoklaven mit Silicagel befüllt und verschlossen. Die Proben wurden fotografiert, um die Färbung und die Verteilung der entstandenen Korrosionsprodukte festzuhalten. Mit der Feinwaage wurde zunächst die Massenzunahme einer jeden Probe ermittelt. Anschließend wurden die Proben je nach Menge der Korrosionsprodukte für max. 5 min in einer Beize ausgelagert. Die in Wasser schwer löslichen Eisenoxide und Eisenhydroxide werden in der Beize gelöst und legen so das nicht korrodierte Grundmaterial frei. Das Grundmaterial selbst wird innerhalb dieser Zeitspanne nicht signifikant angegriffen. Die Beizrezeptur wurde vom metallographischen Labor der Bundesanstalt für Materialforschung und -prüfung zur Verfügung gestellt. Die Beize setzt sich aus 9,7 prozentiger Salzsäure mit 3,5 g/l Hexamethylentetramin als Korrosionsinhibitor zusammen. Nachdem alle Korrosionsprodukte entfernt waren, wurde die Probe abgespült, getrocknet und erneut gewogen. Die Korrosionsrate in µm/a wurde mit dem Massenverlust über folgende, im ASTM G31 Standard festgelegte Formel bestimmt. Es wurde bei der Auswertung der Versuche davon ausgegangen, dass die Korrosionsgeschwindigkeit einem linearen Zeitgesetzt folgt. Der Massenverlust berechnet sich dabei über das Probengewicht vor Beginn des Versuchs minus dem Probengewicht nach dem Beizen.

$$Korrosionsrate = \frac{K \cdot W}{A \cdot t \cdot D} \tag{4-1}$$

Dabei sind:
- K eine Konstante = $8{,}76 \cdot 10^7$
- W der Massenverlust in g
- A die Probenoberfläche in cm^2
- t die Versuchsdauer in h
- D die Dichte in g/cm^3

Diese Methode der Korrosionsratenbestimmung extrapoliert den Massenverlust innerhalb der Versuchsdauer auf ein Jahr und berechnet den daraus resultierenden Flächenabtrag. Für den Fall, dass das Oxidwachstum nicht einem linearen sondern einem logarithmischen oder parabolischen Verlauf folgt, sind die auf diese Weise ermittelten Korrosionsraten daher als zu hoch anzusehen.

5 Vorstellung und Diskussion der Ergebnisse

In diesem Kapitel werden die Versuchsergebnisse vorgestellt und diskutiert. Dabei wird zunächst auf das Gasmischungsverfahren eingegangen. Anschließend werden die Ergebnisse der Korrosionsversuche erläutert und ausgewertet.

5.1 Validierung des Gasmischungsverfahrens

Zur Validierung des Gasmischungsverfahrens wurden in Vorversuchen zunächst verschiedene Fluidgemische hergestellt und mit den bereits beschriebenen Messverfahren analysiert. Wie im Kapitel 2 erwähnt, sind die untersuchten Fluidgemische je nach Art der Begleitstoffe nicht alle chemisch stabil. Besonders die gemessenen NO_x- und SO_2-Konzentrationen nahmen mit zunehmender Zeit immer weiter ab. Im Fall der SO_2-Konzentrationen ist eine Ursache für die abnehmenden Messwerte die Reaktion von SO_2 zu SO_3, welches durch die eingesetzten Messgeräte nicht erfasst werden konnte. Eine weitere Erklärung für die Reduktion der SO_2-Konzentration könnte die Bildung von Schwefelsäure sein, da Restfeuchte im Autoklav oder in den Leitungen zur Gasanalyse nicht ausgeschlossen werden kann. Die Reduktion der NO_x-Konzentrationen kann zum einen durch die Bildung von Salpetersäure durch Restfeuchte im Autoklav erklärt werden. Zum anderen wird das zugegebene NO zu NO_2 und anschließend zu weiteren Stickstoffoxidverbindungen wie z. B. N_2O_4 oxidiert. Beim Entspannen der Fluidgemische aus den Autoklaven zur Durchführung der Analyse kühlt sich das Fluid stark ab, sodass diese Stickstoffoxidverbindungen auskondensieren können und messtechnisch in der Gasphase nicht mehr erfasst werden können.

Um das Gasmischungsverfahren zu validieren, wurde ein CO_2-reiches Fluidgemisch mit folgenden Begleitstoffkonzentrationen in einen Autoklav gefüllt:

O_2: 4 Vol.-%

SO_2: 70 ppm

NO: 100 ppm

CO: 50 ppm

Direkt nachdem der Befüllungsvorgang, welcher ca. eine Stunde dauerte, abgeschlossen war, wurde ein Teil des im Autoklav befindlichen Fluidgemisches entspannt und der Gasanalyse zugeführt. Die Analyseergebnisse sind in Abbildung 13 dargestellt. Um den Druck im Autoklav nicht zu gering werden zu lassen, wurde die Analyse nach ca. 55 Sekunden gestoppt. Dabei stellte sich nach etwa 30 Sekunden ein nahezu konstanter Zustand ein. Es ist zu erkennen, dass die O_2-, SO_2- und die CO-Konzentrationen den Sollwert von 4 Vol.-%, 70 ppm und 50 ppm mit ausreichender Genauigkeit erreichten. Es ist jedoch auch zu sehen, dass die NO-Konzentration bereits unterhalb von 10 ppm lag und die NO_2-Konzentration etwa 70 ppm betrug, obwohl kein NO_2 in den Autoklav zugegeben worden war. Dies zeigt, wie schnell die Umwandlung von NO zu Stickoxiden mit höheren Oxidationsstufen verläuft. Das gleiche Fluidgemisch wurde nach 12 h erneut analysiert. Dafür wurde das restliche im Autoklav enthaltene Fluidgemisch entspannt. Die Ergebnisse der Analyse sind in Abbildung 14 dargestellt. Es ist zu erkennen, dass die CO-Konzentration mit 55 statt 50 ppm nahezu konstant blieb. Gleiches galt für die Sauerstoffkonzentration. Die Konzentrationen von NO, NO_2 und SO_2 waren jedoch deutlich geringer als direkt nach dem Befüllen. Zwar stiegen die Konzentrationen mit zunehmender Zeit bzw. mit abnehmendem Druck im Autoklav, sie blieben jedoch erheblich unter dem 12 h früheren Niveau.

Die Messungen zeigen, dass die Sauergaskomponenten mit Sauerstoff reagieren und somit nicht stabil sind. Für die Versuche bedeutet dies, dass der Verbrauch an Sauergasen nicht über Stoffbilanzen berechnet werden kann, da nicht alle Stick- und Schwefelkomponenten mit den zur Verfügung stehenden Messgeräten erfassbar sind. Die gute Übereinstimmung der Analyse direkt nach dem Befüllungsvorgang mit den Sollwerten zeigt aber auch, dass das eingesetzte Gasmischungsverfahren ausreichend genaue Ergebnisse erzielt.

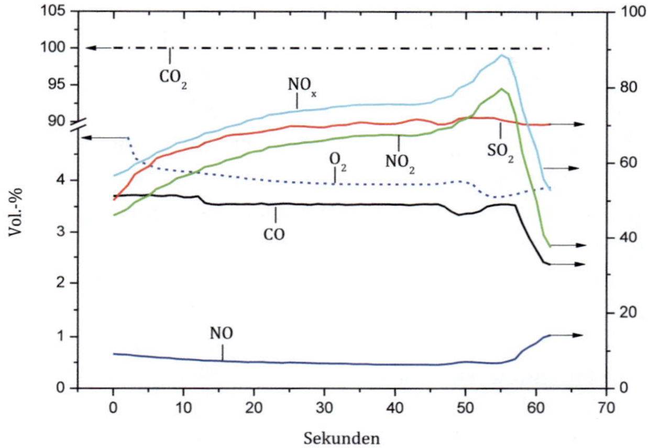

Abbildung 13: Analyse eines Fluidgemisches direkt nach der Befüllung

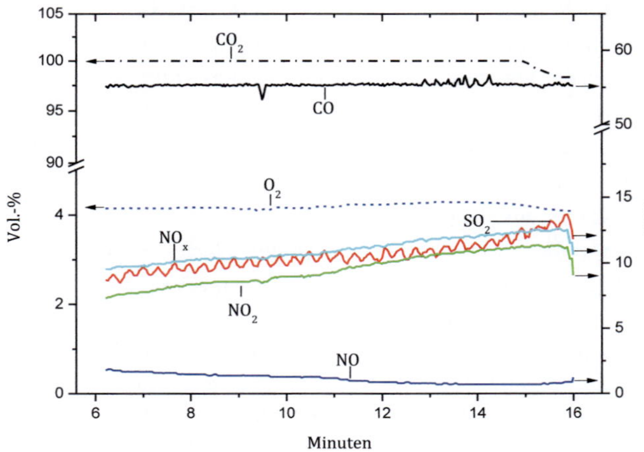

Abbildung 14: Analyse eines Fluidgemisches 12 h nach der Befüllung

5.2 Ergebnisse in CO_2-gesättigtem Wasser

Der Fokus der im Rahmen dieser Arbeit durchgeführten Experimente liegt auf der Untersuchung der Korrosivität von CO_2-reichen Strömen mit Begleitstoffen, bei denen Wasserdampf in gelöster Form vorliegt. Einige Versuche wurden aber auch mit flüssigem Wasser durchgeführt, um herauszufinden, welche Auswirkungen ein eventueller Störfall in der Pipeline auf die untersuchten Werkstoffe haben könnte. Flüssiges Wasser kann des Weiteren in Verdichterzwischenkühlern oder bei Stillständen im Verdichter vorkommen. Daher wurden die Versuche mit flüssigem Wasser sowohl mit Kompressorwerkstoffen als auch mit Pipelinewerkstoffen durchgeführt.

Versuche mit Pipelinewerkstoffen

Um einen Störfall in der Pipeline zu simulieren, wurden zwei Werkstoffproben (1.0582) in 300 ml flüssiges Wasser getaucht und über der Flüssigkeit das Fluidgemisch des Oxyfuel-Szenarios Zero-Emission, welche die höchsten Konzentrationen an Begleitstoffen aufweist, aufgebracht. Die Komponenten des Fluidgemisches lösten sich im Wasser und bildeten eine saure, korrosive Lösung. Wie in Abbildung 15 b) ersichtlich, führte dies zu starken Korrosionserscheinungen in Form von Rostbildung. Die Rostbildung war so stark, dass es an einigen Stellen der Probe zum Abplatzen der Schicht kam. Die entstandene Rostschicht zeigt demnach keine passivierende Wirkung. Die durch Massenverlust bestimmte Korrosionsrate ergab sich zu 5,6 mm/a. Die in Abbildung 15 c) dargestellte Probe wurde in Wasser unter einem Fluidgemisch des Oxyfuel-Szenarios Zero-Emission, bei der O_2 durch CO_2 substituiert wurde, ausgelagert. Es ist deutlich zu erkennen, dass unter dem Sauerstoffausschluss eine schwarze, gut haftende Schicht entstanden ist. Mittels Röntgendiffraktometrie (XRD) wurde $FeCO_3$ nachgewiesen, welches eine passivierende Wirkung hat. Die passivierende Wirkung zeigt sich in einer geringeren Korrosionsrate von 0,6 mm/a im Vergleich zu den 5,6 mm/a von Probe b).

Diese Ergebnisse decken sich mit Beobachtungen in [57]. Dort wurden hohe Korrosionsraten in sauerstoffhaltigem, CO_2-gesättigtem Wasser ermittelt. Außerdem wird dort berichtet, dass sich unter Sauerstoffausschluss eine schützende $FeCO_3$-Schicht bildet, die weitere Korrosion hemmt.

a) b) c)

Abbildung 15: a) Foto einer 1.0582 Probe vor dem Versuch, b) Foto derselben Probe nach einwöchiger Auslagerung in 300 ml Wasser in einem Fluidgemisch des Oxyfuel-Szenarios Zero-Emission, c) Foto einer 1.0582 Probe nach einwöchiger Auslagerung in 300 ml Wasser in einem Fluidgemisch des Oxyfuel-Szenarios Zero-Emission, bei der O_2 durch CO_2 substituiert wurde

Diese Versuche zeigen, dass es bei Kohlenstoffstählen in einer CO_2-Atmosphäre mit SO_2, NO, O_2, CO und H_2O als Begleitstoffen zu sehr hohen Korrosionsraten im mm/a-Bereich kommt, wenn Wasser in flüssiger Form vorliegt. Zudem zeigen die Versuche, dass sich unter Sauerstoffausschluss zwar eine Schutzschicht ausbildet, die ermittelten Korrosionsraten aber dennoch in einer für den Pipelinebetrieb nicht akzeptablen Größenordnung liegen. Üblicherweise wird eine Korrosionsrate von <100 µm/a als zulässiger Grenzwert angenommen, bis zu dem ein Werkstoff für den langjährigen Einsatz unter den Versuchsbedingungen als beständig bezeichnet werden kann [25].

Versuche mit Kompressorwerkstoffen

Analog zu den Versuchen mit Pipelinewerkstoffen wurden die Kompressorwerkstoffe in mit vollentsalztem Wasser gefüllte Glasbecher gegeben und in den Autoklav gestellt. Zur besseren Handhabung wurden kleinere Glasbecher als bei den Versuchen mit Pipelinewerkstoffen benutzt. Diese wurden mit ca. 30 ml Wasser gefüllt, bis die Probe bedeckt war. Anschließend wurde das jeweilige Fluidgemisch in den Autoklav gefüllt. Zunächst wurde das Fluidgemisch mit den höchsten

Konzentrationen an Begleitstoffen entsprechend dem Szenario Zero-Emission verwendet. Nach einer Woche Auslagerung in der so entstandenen sauren Lösung wurden die Korrosionsraten über den Massenverlust bestimmt. Wie auf den Fotos der Werkstoffproben in Abbildung 16 zu erkennen ist, wies die Oberfläche der Probe a) aus 1.4006 Verfärbungen auf und war etwas matter als vor dem Versuch. Die Probe b) aus 1.4313 zeigte keine sichtbaren Korrosionserscheinungen. Auch die Probe c) aus 1.4542 und die Titan-Aluminium-Legierung d) aus 3.7165 wiesen keine signifikante Verfärbung auf. Das visuelle Erscheinungsbild deutet darauf hin, dass der Werkstoff 1.4006 von den vier Werkstoffen die niedrigste Korrosionsbeständigkeit gegenüber Schwefel- und Salpetersäurelösungen aufweist.

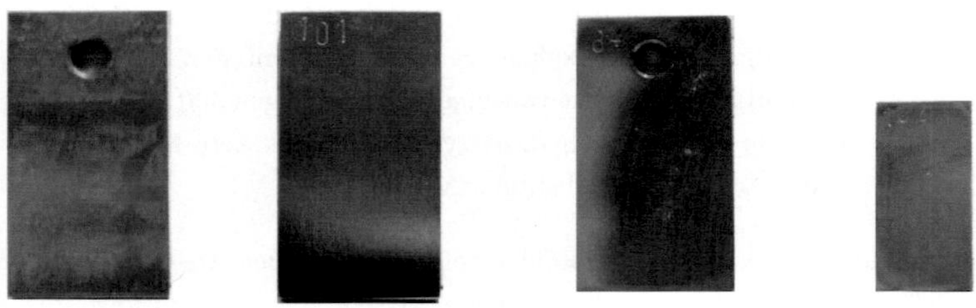

a) b) c) d)

Abbildung 16: Foto einer a) 1.4006 Probe, einer b) 1.4313 Probe, einer c) 1.4542 Probe und einer d) 3.7165 Probe nach einwöchiger Auslagerung in 30 ml Wasser in einem Fluidgemisch des Oxyfuel-Szenarios Zero-Emission

Die gute visuelle Erscheinung der Proben spiegelte sich auch in den niedrigen ermittelten Korrosionsraten wider, die in Abbildung 17 dargestellt sind. Die Korrosionsrate der Probe c) aus 3.7165 war mit 0 µm/a am geringsten. Es folgte die Probe b) aus 1.4313 mit 2,6 µm/a. Dagegen lagen die Korrosionsraten von Probe a) bei 6,9 µm/a und von Probe c) bei 7,1 µm/a. Dies zeigt, dass alle hier untersuchten Kompressorwerkstoffe unter den Versuchsbedingungen auch bei eventuellem Auftreten von flüssigem Wasser einsetzbar wären, da die Korrosionsraten alle deutlich unterhalb der kritischen Grenze von 100 µm/a liegen. Erklärt werden kann die höhere Beständigkeit der Werkstoffe gegen die saure Lösung vor allem durch den hohen Chromanteil in den Legierungen. Mit Ausnahme des Werkstoffs 3.7165 weisen alle untersuchten Legierungen Chromanteile um 13 % oder höher auf. Der hohe Chromanteil führt zur Bildung einer Passivschicht aus hydratisiertem Chromoxyhydroxid [37], welche weitere Korrosion verhindert. Die gute Beständigkeit der Titan-Aluminium-Legierung 3.7165 lässt sich ebenfalls durch die Bildung einer Passivschicht erklären, da bekannt ist, dass Titanlegierungen dünne passivierende Oxidschichten bilden [68]. Der pH-Wert der sauren Lösung wurde nach dem Versuch mittels pH-Messstreifen auf Werte zwischen eins und zwei bestimmt. Aus vorangegangenen Untersuchungen ist bekannt, dass aufgefangenes Kondensat des institutseigenen CO_2-Kompressors bei Kompression eines Oxyfuel-Rauchgases pH-Werte unter eins aufwies und Schwefel- und Salpetersäure enthielt.

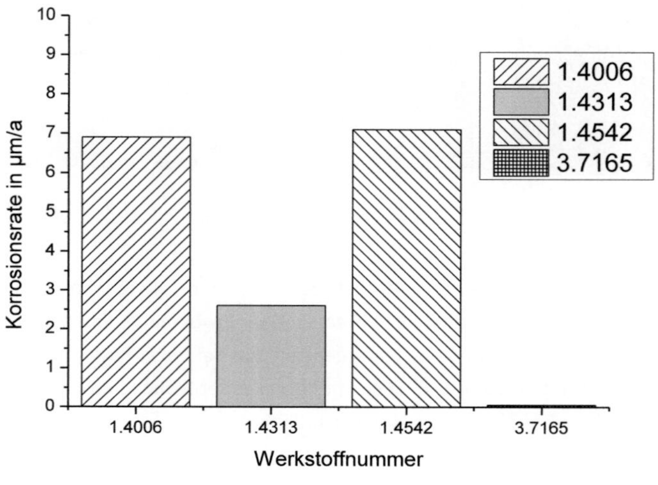

Abbildung 17: Korrosionsraten der Kompressorwerkstoffe nach einwöchiger Auslagerung in 30 ml Wasser in einem Fluidgemisch des Oxyfuel-Szenarios Zero-Emission

In einem weiteren Versuch wurden die Kompressorwerkstoffe deshalb in eine Lösung gegeben, die zu gleichen Teilen aus einmolarer Schwefel- und einmolarer Salpetersäure bestand. Der pH-Wert dieser Lösung lag wie beim Kondensat des CO_2-Kompressors um den Wert null. Nach einer Woche Auslagerung in dem Säuregemisch unter einer Atmosphäre aus CO_2 und 4,7 Vol.-% O_2 bei 100 bar und 25 °C, konnten teilweise deutliche höhere Korrosionsraten als bei den in Abbildung 17 dargestellten Versuchsergebnissen ermittelt werden. In Abbildung 18 ist zu erkennen, dass die 1.4006 Probe Korrosionserscheinungen in Form von schwarzbläulichem und schlecht haftendem Oxid zeigt. Die drei anderen Werkstoffe zeigten nach einer Woche in dem Säuregemisch keine Hinweise auf Korrosion.

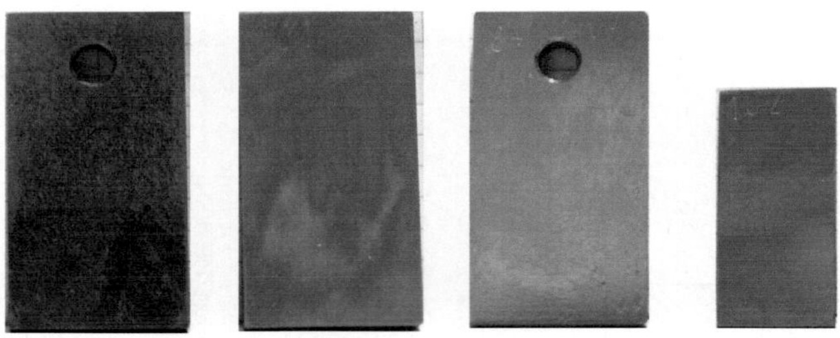

1.4006 1.4313 1.4542 3.7165

Abbildung 18: Fotos a) einer 1.4006 Probe, b) einer 1.4313 Probe, c) einer 1.4542 Probe und d) einer 3.7165 Probe nach einwöchiger Auslagerung in 30 ml Säuregemisch aus Salpeter- und Schwefelsäure mit einem pH-Wert ca. null unter einer Atmosphäre aus CO_2 und 4,7 Vol.-% O_2 bei 100 bar und 25 °C

In Abbildung 19 sind die Korrosionsraten der vier Kompressorwerkstoffe nach einwöchiger Auslagerung in dem oben beschriebenen Säuregemisch dargestellt. Es ist zu erkennen, dass der Werkstoff 1.4006 mit durchschnittlichen Korrosionsraten von ca. 750 µm/a deutlich stärker angegriffen wird, als die anderen drei Werkstoffe. Dies könnte zum einen an dem wesentlich niedrigeren Nickel- oder dem höheren Kohlenstoffanteil des 1.4006 im Vergleich zum 1.4542 und 1.4313 liegen. Bis auf den Werkstoff 1.4006 wiesen alle Werkstoffe Korrosionsraten deutlich unterhalb von 100 µm/a auf und sind daher auch unter kondensat- und säurebildenden Bedingungen bei niedrigen pH-Werten einsetzbar.

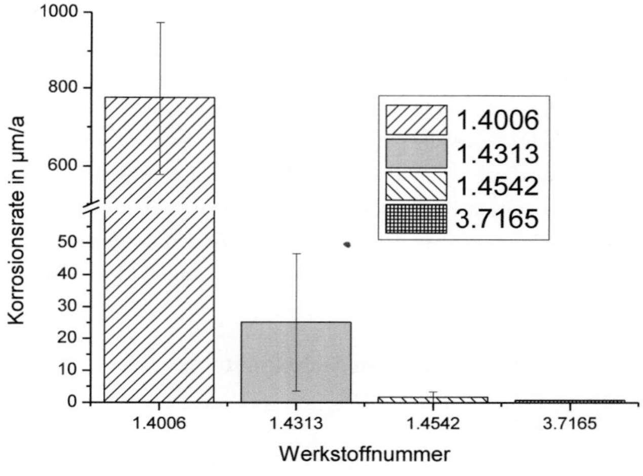

Abbildung 19: Korrosionsraten der Kompressorwerkstoffe nach einwöchiger Auslagerung in 30 ml Säuregemisch aus Salpeter- und Schwefelsäure mit einem pH-Wert von ca. null unter einer Atmosphäre aus CO_2 und 4,7 Vol.-% O_2 bei 100 bar und 25 °C

5.3 Ergebnisse mit gelöstem Wasserdampf unter Oxyfuel-Bedingungen

Zu Beginn der Versuche war fraglich, ob die Fluidgemische mit gelöstem Wasserdampf überhaupt signifikante Korrosionsschäden an den Materialproben bewirken können. Da die Fluidgemische der Oxyfuel-Szenarien die höchsten Konzentrationen an Begleitstoffen aufweisen, wurde mit diesen begonnen. Außerdem war zu Beginn nicht bekannt, wie sich die einzelnen Begleitstoffkomponenten auf die Korrosivität des Fluidgemisches auswirken. In der Literatur gab es lediglich Hinweise darauf, dass die Konzentrationen von Wasserdampf und Sauerstoff einen Einfluss auf die Korrosivität des Fluidgemisches haben [4]. Der Einfluss von Wasser auf die Korrosion deutet darauf hin, dass die Bildung eines ionenleitenden Elektrolyten an der Korrosionsreaktion beteiligt ist und dass es sich hier um einen elektrochemischen Korrosionsmechanismus handelt. Zunächst widersprüchlich erscheinen die Ergebnisse von [59], dass sowohl CO_2-reiche Fluidgemische mit Wasserdampf als auch CO_2-reiche Fluidgemische mit Wasserdampf und SO_2 als Begleitstoffe kaum korrosiv sind, wohingegen CO_2-reiche Fluidgemische mit Wasserdampf und NO_2 zu starker Korrosion bei Kohlenstoffstählen führten. Da sowohl CO_2 als auch SO_2 und NO_2 mit Wasser Säuren bilden können, wäre zu erwarten gewesen, dass alle drei Fluidgemische korrosiv auf Kohlenstoffstahl wirken, falls Säurekorrosion eine Rolle spielt.

5.3.1 Ergebnisse im Autoklav mit Sichtfenstern

Um den Korrosionsmechanismus zu klären, wurden im Autoklav 4 zunächst Versuche mit verschiedenen Begleitstoffen durchgeführt und deren korrosiver Einfluss durch die Sichtfenster visuell überprüft. Dafür wurden 1.0582 (L360NB) Proben in den Autoklav gehängt und die gewünschte Fluidzusammensetzung nach dem Befüllungsschema aus Abschnitt 4.2 hergestellt. In regelmäßigen Abständen wurden die Proben fotografiert und im Hinblick auf die Bildung von Korrosionsprodukten visuell untersucht. In dem ersten Versuch wurde zunächst ein Fluidgemisch entsprechend dem Oxyfuel-Szenario Zero-Emission mit 1000 ppm H_2O hergestellt. Dazu wurden zunächst die entsprechenden Anteile CO_2 und Wasser in den Autoklav eingebracht. Anschließend wurde die Probe alle 24 Stunden fotografiert und ein weiterer Begleitstoff hinzugegeben. Die Fotostrecke dieses Versuches ist in Abbildung 20 dargestellt.

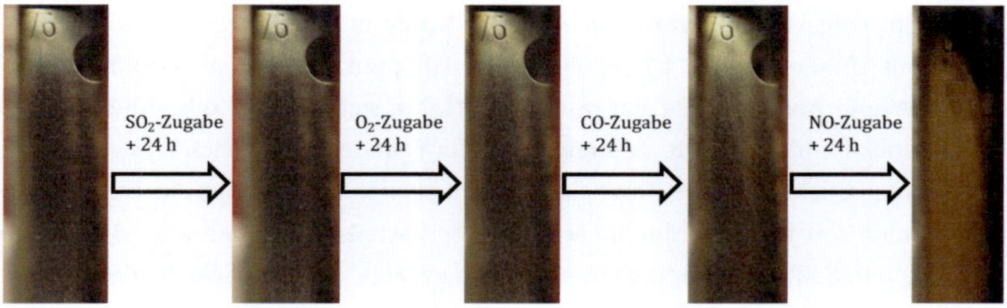

Abbildung 20: Fotos einer 1.0582 (L360NB) Probe, ausgelagert in einer CO_2/Wasserdampf-Mischung mit Zugabe eines weiteren Begleitstoffs nach jeweils 24 Stunde. Nach Zugabe aller Begleitstoffe entsprach das Fluidgemisch dem Oxyfuel-Szenario Zero-Emission

Es ist deutlich zu erkennen, dass sich die Probe nicht verfärbte, bis NO zugegeben wurde. Nach der NO-Zugabe trat innerhalb von wenigen Minuten eine sichtbare, gleichmäßig verteilte, gelbliche Verfärbung der Probe ein. Mit zunehmender Dauer bildete sich eine Korrosionsschicht aus, deren Färbung zunehmend von gelb in rotbraun umschlug. Das gleiche Verhalten konnte in einem Folgeversuch festgestellt werden, bei dem kein CO und kein SO_2 zugegeben wurde.

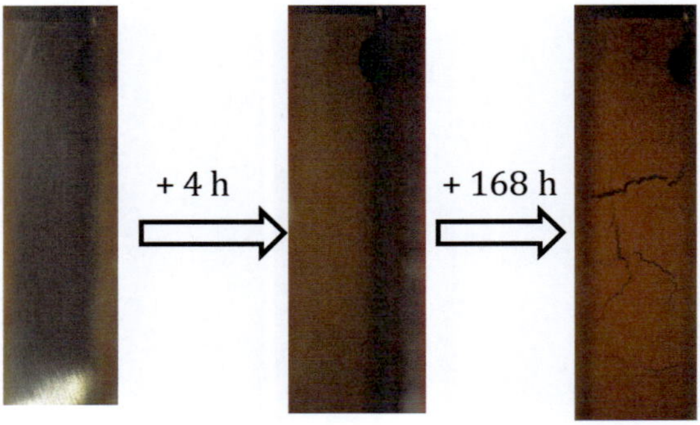

Abbildung 21: Fotos einer 1.0582 Probe, ausgelagert in einem Fluidgemisch aus CO_2 + 1000 ppm H_2O + 4,7 Vol.-% O_2 und 100 ppm NO

In diesem Folgeversuch wurde eine 1.0582 Probe in einem CO_2-reichen Fluidgemisch mit 1000 ppm H_2O, 4,7 Vol.-% O_2 und 100 ppm NO an Begleitstoffen ausgelagert. Wie in Abbildung 21 dargestellt, verfärbte sich die Probe bei diesem Versuch gelblich und es bildete sich nach nur vier Stunden eine gleichmäßig verteilte Korrosionsschicht aus. Die Korrosionsschicht wurde auch in diesem Fall mit zunehmender Zeit immer bräunlicher und wies nach 168 Stunden eine rot-braune Färbung auf. Spätere Untersuchungen haben gezeigt, dass die Schicht FeOOH enthält, welches auch als Rost bezeichnet wird. Weiterhin ist zu erkennen, dass die Schicht brüchig wurde und sichtbare Risse entstanden. Dies ist ein Indiz dafür, dass die Schicht keine passivierende Wirkung erzielen konnte.

Auf die gleiche Weise wurden weitere CO_2-reiche Fluidgemische unter Zugabe verschiedener Begleitstoffe untersucht. Die Ergebnisse dieser Versuche sind in Tabelle 7 zusammengefasst. Bei allen Versuchen entsprachen die Konzentrationen der zugeführten Begleitstoffe dem jeweiligen Wert des Oxyfuel-Szenario Zero-Emission mit 1000 ppm H_2O. Die Konzentrationen betrugen demnach für Wasser 1000 ppm, für Sauerstoff 4,7 Vol.-%, für Kohlenmonoxid 50 ppm, für Schwefeldioxid 70 ppm und für Stickstoffmonoxid 100 ppm. Bei dem in der Tabelle als Nummer 9 bezeichneten Versuch wurde, um den Einfluss von CO_2 zu ermitteln, Stickstoff an Stelle von CO_2 eingesetzt.

Tabelle 7: Korrosivität verschiedener Fluidgemische auf den Werkstoff 1.0582 mit 1000 ppm H_2O, 4,7 Vol.-% O_2, 50 ppm CO, 70 ppm SO_2 und 100 ppm NO als Begleitstoffe

Versuch	**Fluidzusammensetzung**	**Korrosions-erscheinungen?**
1	$CO_2 + H_2O$	Nein
2	$CO_2 + H_2O + O_2$	Nein
3	$CO_2 + H_2O + CO$	Nein
4	$CO_2 + H_2O + SO_2$	Nein
5	$CO_2 + H_2O + NO$	Nein
6	$CO_2 + H_2O + O_2 + SO_2$	Nein
7	$CO_2 + H_2O + O_2 + NO$	Ja
8	$CO_2 + H_2O + CO + O_2 + NO + SO_2$	Ja
9	$N_2 + H_2O + CO + O_2 + NO + SO_2$	Ja

Die Ergebnisse in Tabelle 7 zeigen, dass ohne Sauerstoffzugabe keine Korrosionsreaktionen ablaufen. Außerdem ist offensichtlich die Mischung aus CO_2, Wasserdampf und Sauerstoff ohne weitere Begleitstoffe nicht korrosiv. Erst bei Zugabe von NO und O_2 (Versuch 7, 8 und 9) tritt Korrosion auf. Bei Versuch 9 wurde ein Fluidgemisch aus N_2 mit folgenden Begleitstoffkonzentrationen in den Autoklav gefüllt: 1000 ppm H_2O, 4,7 % O_2, 100 ppm SO_2, 100 ppm NO und 50 ppm CO. Wie in Abbildung 22 dargestellt, verläuft die Korrosion in dem N_2-reichen Fluidgemisch ähnlich wie bei dem in Abbildung 21 gezeigtem Versuch 7 mit einem CO_2-reichen Fluidgemisch. Der sehr ähnliche Korrosionsverlauf deutet darauf hin, dass CO_2 am Korrosionsmechanismus weitestgehend unbeteiligt ist.

Da bei SO_2-haltigen aber NO-freien Fluidgemischen auch bei Anwesenheit von Sauerstoff keine Korrosionsreaktionen ablaufen (Versuch 6), ist SO_2 in dem CO_2-reichen Fluidgemisch scheinbar nicht korrosiv. Analysen der Oxidschichten, die im folgenden Abschnitt beschrieben werden, zeigten jedoch, dass Schwefelverbindungen unter bestimmten Umständen sehr wohl an den Korrosionsreaktionen teilnehmen können.

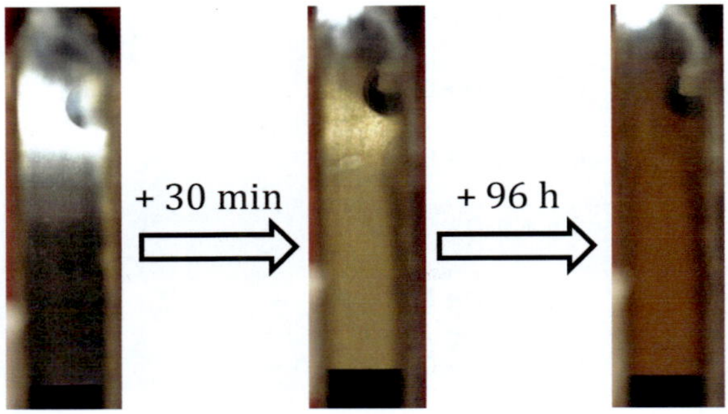

Abbildung 22: Fotos einer 1.0582 Probe, ausgelagert in einem Fluidgemisch aus N_2 + 1000 ppm H_2O + 4,7 Vol.-% O_2 + 100 ppm SO_2 und 100 ppm NO (Versuch 9)

5.3.2 Analyse der Oxidschichten

Um den Versuchsmechanismus genauer zu verstehen, wurden Analysen der entstandenen Oxidschichten durchgeführt. Mittels energiedispersiver Röntgenspektroskopie (EDX-Analyse) wurden die Elemente bestimmt, die in der Oxidschicht auftreten. Abbildung 23 zeigt das Ergebnis der EDX-Analyse einer Oxidschicht einer 1.0582 Probe nach einwöchiger Auslagerung in einem Fluidgemisch des Oxyfuel-Szenarios Zero-Emission mit 1000 ppm Wasserdampf. Es ist zu erkennen, dass in der Schicht vor allem Eisen, Sauerstoff und Schwefel vorhanden sind. Der ausgeprägte Goldpeak kann durch das Besputtern der Probe mit Gold vor dem Einbringen ins REM erklärt werden, wodurch die Qualität der REM-Bilder erheblich gesteigert werden konnte. Das Vorhandensein von Schwefel in der Schicht deutet darauf hin, dass SO_2 in diesem Versuch doch an den Korrosionsreaktionen teilgenommen hat. Der Kohlenstoffpeak war in allen untersuchten Schichten vernachlässigbar klein. Eine signifikante Bildung von Eisencarbonat ($FeCO_3$) kann daher ausgeschlossen werden. Der Schwefelpeak dagegen ist mit der Bildung von Eisensulfat oder Eisenhydrogensulfat zu erklären.

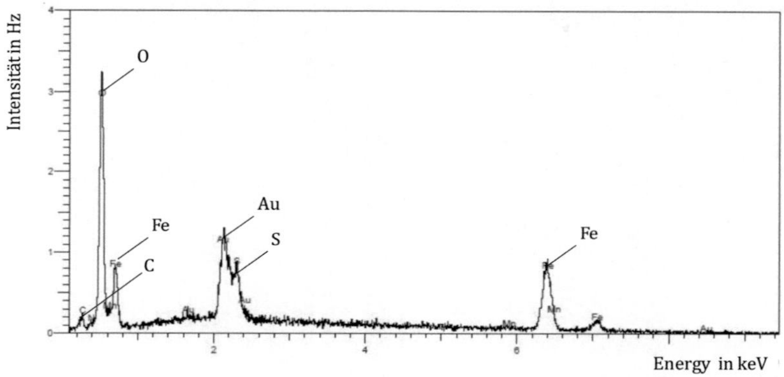

Abbildung 23: EDX-Analyse der Oxidschicht einer 1.0582 Probe nach einwöchiger Auslagerung in einem Fluidgemisch des Oxyfuel-Szenarios Zero-Emission mit 1000 ppm Wasserdampf

Um die entstandenen Oxide zu identifizieren, wurde eine XRD-Analyse durgeführt. Wie auf dem in Abbildung 24 dargestellten, im Rasterelektronenmikroskop (REM) aufgenommenen Bild der Oxidschicht zu erkennen ist, ist die Struktur der Oxide hauptsächlich ungeordnet. Der Großteil der Oxide liegt amorph vor. Nur vereinzelt sind kristalline Strukturen zu erkennen, die auf dem Bild gekennzeichnet sind. Mit der XRD-Analyse können aber nur kristalline und keine amorphen Phasen bestimmt werden. Aufgrund der zum Großteil amorphen Oxidschicht lieferte die in Abbildung 25 dargestellte XRD-Analyse nur geringe Signalintensitäten.

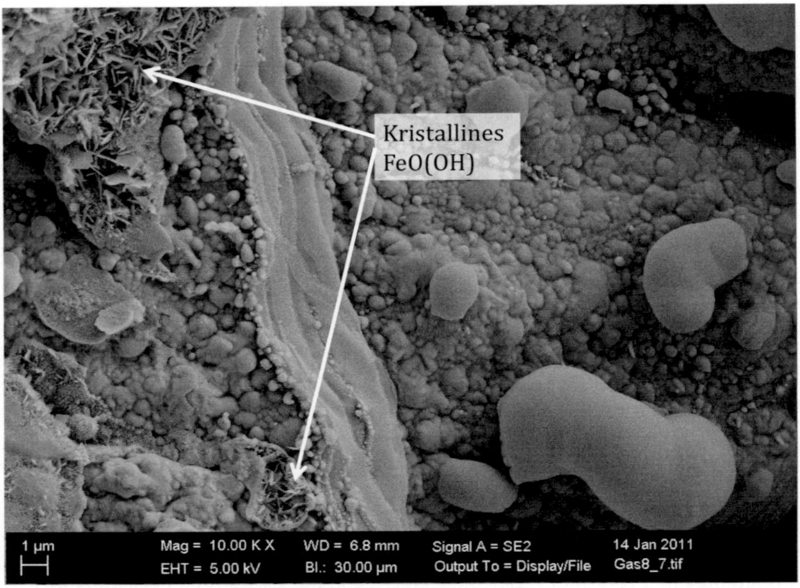

Abbildung 24: REM-Aufnahme der Oxidschicht einer 1.0582 Probe nach einwöchiger Auslagerung in einem Fluidgemisch des Oxyfuel-Szenarios Zero-Emission mit 1000 ppm Wasserdampf

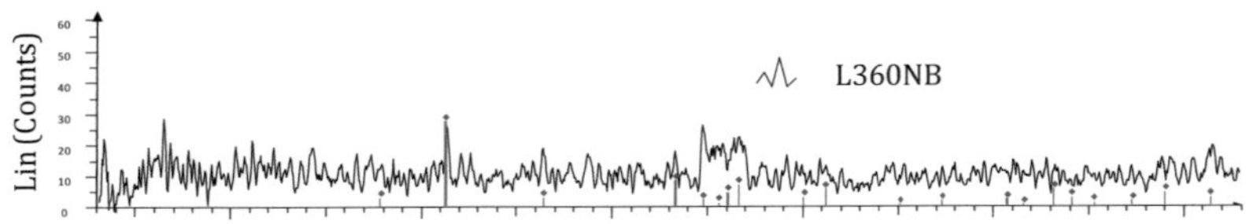

Abbildung 25: XRD-Analyse der Oxidschicht einer 1.0582 Probe nach einwöchiger Auslagerung in einem Fluidgemisch des Oxyfuel-Szenarios Zero-Emission mit 1000 ppm Wasserdampf

Trotz der geringen Signalintensität konnte Goethit (α-FeO(OH)), welcher typischerweise einer der Hauptbestandteile von Rost ist [69], nachgewiesen werden. Weitere Oxide konnten aufgrund der geringen Signalintensität nicht zweifelsfrei identifiziert werden. Die in Abbildung 26 dargestellte Lichtmikroskopaufnahme einer Probe des gleichen Versuchs wie in Abbildung 24 zeigt jedoch auch Bereiche mit schwarzer Färbung. Die schwarze Färbung ist wahrscheinlich auf Magnetit zurückzuführen, welcher neben FeOOH als Korrosionsprodukt bei der Korrosion in SO_2-haltigen Atmosphären entsteht.

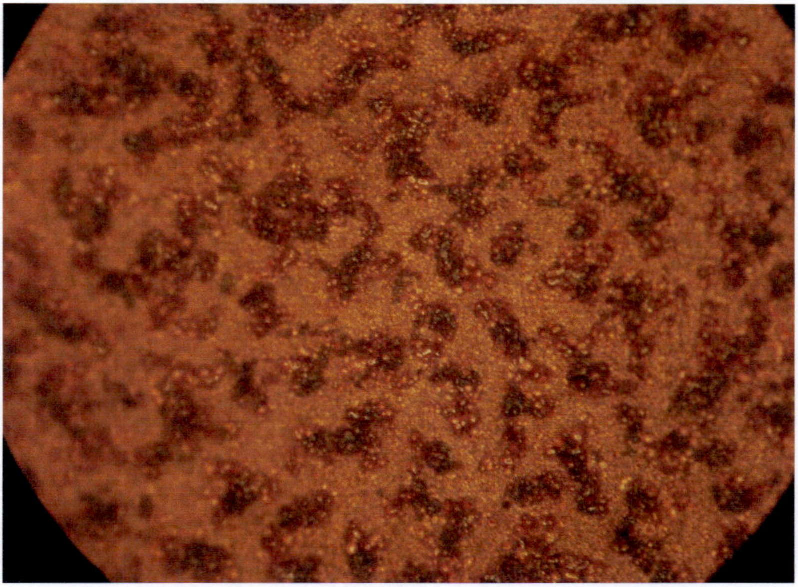

Abbildung 26: Lichtmikroskopaufnahme der Oxidschicht einer 1.0582 Probe nach einwöchiger Auslagerung in einem Fluidgemisch des Oxyfuel-Szenarios Zero-Emission mit 1000 ppm Wasserdampf

5.3.3 Korrosionsmechanismus in sauerstoffhaltiger Atmosphäre

In dem vorangegangenen Abschnitt wurde festgestellt, dass die Fluidgemische nur dann korrosiv sind, wenn NO, H_2O und O_2 darin enthalten sind. Wenn zu den drei genannten Begleitstoffen zusätzlich SO_2 dazugegeben wird, bildet sich Eisensulfat oder Eisenhydrogensulfat. Unter Abwesenheit von NO findet diese Sulfatbildung nicht bzw. nur sehr langsam statt. Zudem verhält sich CO_2 ohne Vorhandensein von flüssigem Wasser inert. Die Korrosivität der CO_2-reichen Fluidgemische ist einzig von den Begleitstoffen abhängig. Es wurde weiterhin festgestellt, dass es sich um einen elektrochemischen Korrosionsmechanismus handelt, da für signifikante Korrosion ein wässriger Elektrolyt vonnöten ist.

Aus den Ergebnissen kann geschlussfolgert werden, dass Voraussetzung für signifikante Korrosion die Bildung einer starken Säure ist. Eine Erklärung hierfür könnte sein, dass die Taupunkttemperatur von Schwefelsäure und eventuell auch die von Salpetersäure unterschritten wurde und bei den Versuchsbedingungen über der von Wasser liegt. Wie bereits in Abschnitt 2.3.5 beschrieben, können bei Unterschreitung der Taupunkttemperaturen Säuren auskondensieren. Die auskondensierte Säure führt dann durch Reaktion mit dem Probenwerkstoff zur Bildung von Eisensulfat- bzw. Eisennitratverbindungen. Konzentrierte Schwefelsäure sowie die entstehenden Korrosionsprodukte wirken hygroskopisch und können auch bei Wasserdampfgehalten unterhalb des Sättigungsgehalts des CO_2-reichen Fluidgemisches einen sauren wässrigen Elektrolyten bilden, der weitere Säurekorrosion ermöglicht.

Die Sulfat- und Nitratverbindungen haben, wie bereits bei der atmosphärischen Korrosion (Abschnitt 2.3.4) erläutert, eine katalytische Wirkung auf die Korrosion. Eisensulfat hydrolysiert bei Anwesenheit von Wasser und Sauerstoff zu Eisenhydroxid und setzt wiederum Schwefelsäure frei [69], [70], [71].

$$4\,FeSO_4 + O_2 + 6\,H_2O = 4\,FeOOH + 4\,H_2SO_4 \qquad (5\text{-}1)$$

Ebenso denkbar wäre eine Hydrolyse von Eisenhydrogensulfat zu Eisenhydroxid.

$$4\,Fe(HSO_4)_2 + 5\,O_2 + 6\,H_2O = 4\,FeOOH + 8\,H_2SO_4 \qquad (5\text{-}2)$$

Die nach den Gleichungen (5-1) und (5-2) entstandene Schwefelsäure kann sich erneut in H_2O lösen, dissoziieren und die Bildung von Eisensulfaten bzw. Eisenhydrogensulfaten auslösen. Dies wird auch als Säure-Regenerationszyklus bezeichnet. Analog ist auch die FeOOH-Bildung durch Hydrolyse von Eisennitrat denkbar, da Nitrate ähnliche katalytische Effekte wie SO_2 bei der atmosphärischen Korrosion besitzen [30]. Zusammengefasst ist der vorgestellte elektrochemische Korrosionsmechanismus und die Entstehung von Eisenhydroxid durch Hydrolyse in Abbildung 27 graphisch dargestellt. Unterstützt wird diese Theorie dadurch, dass auf Werkstoffproben das bei der Hydrolyse entstehende Goethit (FeOOH) nachgewiesen wurde.

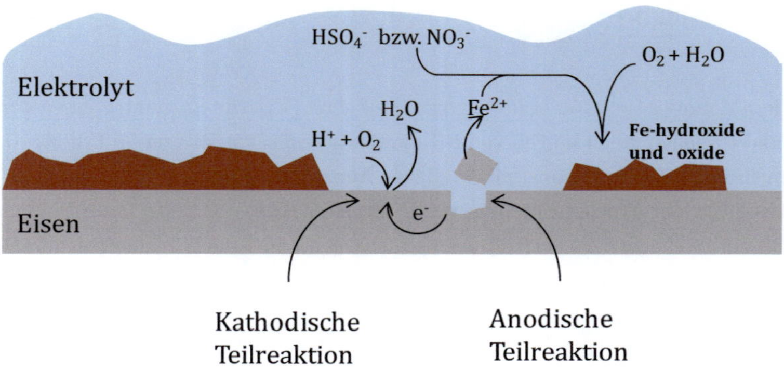

Abbildung 27: Schematische Darstellung des Korrosionsmechanismus in CO_2-reichen Fluidgemischen mit O_2, H_2O, NO und SO_2 als Begleitstoffkomponenten

Die Schichtbildung wird nach dieser Hypothese durch Säurekorrosion verursacht, bei der Sulfat- und Nitratverbindungen entstehen. Durch Hydrolyse der Sulfat- und Nitratverbindungen bildet sich FeOOH. Das weitere Schichtwachstum könnte analog zu dem in Abschnitt 2.3.4 beschriebenen Evans-Modell ablaufen, da nun ebenfalls eine wässrige Sulfat- oder Nitratlösung, eine feuchte, sauerstoffhaltige Atmosphäre sowie eine FeOOH-Schicht vorliegt und somit alle Voraussetzungen für diesen Mechanismus erfüllt sind.

Nachdem die Versuche gezeigt haben, dass die Korrosion durch Anwesenheit von Schwefel- oder Salpetersäure initiiert wird, ist noch die Bildung der Säuren zu erläutern. Für die Bildung von Salpetersäure sind NO_2 und Wasser notwendig. NO_2 entsteht durch die Oxidation von NO mit Sauerstoff nach folgender Gleichung:

$$\mathrm{NO} + \frac{1}{2}\,\mathrm{O_2} = \mathrm{NO_2} \tag{5-3}$$

Das Gleichgewicht dieser Reaktion liegt bei niedrigen Temperaturen deutlich auf Seiten von NO_2. Die Reaktion läuft bei geringem Druck jedoch nur langsam ab. Gleichung (5-4) beschreibt die Reaktionsrate der NO_2-Bildung:

$$\frac{\mathrm{d[NO_2]}}{\mathrm{d}t} = 2\mathrm{k}\,[\mathrm{NO}]^2[\mathrm{O_2}] \tag{5-4}$$

mit k in $l^2\,mol^{-2}\,s^{-1} = 1200 \cdot 10^{230/T}$ und T in Kelvin [72]. Die Konzentrationen von NO und O_2 gehen dabei im Fall von NO mit der zweiten Potenz und im Fall von O_2 proportional in die Reaktionsrate ein. Da bei Annahme idealer Gase der Druck proportional zu der Konzentration in mol/l ist, läuft diese Reaktion bei erhöhtem Druck sehr viel schneller ab [73]. Bei dem Versuch 7 in Tabelle 7 bildet sich demnach aus NO NO_2. Aus NO_2 und Wasser wird nach folgendem Mechanismus Salpetersäure, welche die Korrosion initialisiert:

$$2\,\mathrm{NO_2} + \mathrm{H_2O} = \mathrm{HNO_2} + \mathrm{HNO_3} \tag{5-5}$$

$$3\,\mathrm{HNO_2} = \mathrm{HNO_3} + 2\,\mathrm{NO} + \mathrm{H_2O} \tag{5-6}$$

Bei dem Versuch 5 in Tabelle 7 konnte keine Korrosion beobachtet werden, da NO bei Abwesenheit von Sauerstoff nicht zu NO_2 oder einer anderen Oxidationsstufe des Stickstoffs umgewandelt wird [74].

Da Schwefelsäure die stärkste Säure ist, die sich unter den Versuchsbedingungen bilden kann, erscheint es zunächst verwunderlich, dass sich in den Versuchen 4 und 6 der Tabelle 7 keine signifikanten Korrosionsreaktionen zeigten. Zur Bildung von Schwefelsäure sind Wasser und SO_3 notwendig. Letzteres kann durch Reaktion von SO_2 mit O_2 entstehen:

$$SO_2 + \frac{1}{2} O_2 \overset{K}{\leftrightarrow} SO_3 \tag{5-7}$$

mit K als Gleichgewichtskonstante in Abhängigkeit von der Temperatur in K [75]:

$$\log K = \frac{4956}{T} - 4{,}678 \tag{5-8}$$

Ohne O_2 bilden sich demnach kein SO_3 und somit auch keine Schwefelsäure. Bei Anwesenheit von Sauerstoff und Versuchsbedingung von 60°C und 100 bar würde jedoch der Großteil des SO_2 in SO_3 umgewandelt werden, falls sich chemisches Gleichgewicht einstellt. Dennoch kam es in dem Fluidgemisch von Versuch 6 in Tabelle 7 nicht zur Schwefelsäurebildung. Dies lässt sich dadurch erklären, dass die exotherme Reaktion nach Gleichung (5-7) kinetisch gehemmt ist. Sie läuft demnach nur bei sehr hohen Temperaturen oder unter Beteiligung eines Katalysators ab [74], [76]. Da in der Schicht des bei dem Versuch 8 entstandenen Oxids Schwefel nachgewiesen wurde, muss die Zugabe von NO die Bildung von SO_3 katalysiert haben. Dieser Effekt ist in der Literatur bekannt und wird auch als Bleikammer-Effekt bezeichnet. Dabei wird zunächst NO nach Gleichung (5-3) zu NO_2 oxidiert, welches anschließend die Rolle des Katalysators übernimmt [15]:

$$NO_2 + SO_2 + H_2O = NO + H_2SO_4 \tag{5-9}$$

Diese Reaktion ist sehr schnell und läuft parallel zu der deutlich langsameren Salpetersäurebildung nach den Gleichungen (5-5) und (5-6) ab. Somit ist geklärt, warum Schwefelsäure nur bei Zugabe von NO entstanden ist und warum bei dem NO-freien Versuch 6 keine Korrosion aufgetreten ist.

5.3.4 Säuretaupunkte in überkritischem CO_2

Über die Löslichkeit von Schwefel- und Salpetersäure sowie deren Taupunkttemperaturen in überkritischem CO_2 sind in der Literatur kaum Angaben verfügbar. Die genaue Taupunkttemperaturbestimmung war im Rahmen dieser Arbeit nicht möglich. Folgende einfache Versuche gaben aber erste Hinweise darüber, ob Säuretaupunkte bei den Versuchsbedingungen bereits unterschritten wurden und wie hoch die Löslichkeit der Säuren in überkritischen CO_2 ist. In den Autoklav 3 wurde zum einen eine Keramikschale mit einer abgewogenen Menge Säure und zum anderen bei zwei von vier Versuchen jeweils eine weitere Keramikschale mit einer abgewogenen Menge vollentsalztem Wasser gestellt. Zusätzlich wurde pro Versuch jeweils eine Werkstoffprobe (1.0582) in den Autoklav eingebracht. Auf diese Weise wurden die folgenden vier Versuche bei 60 °C und 100 bar in einer Atmosphäre aus CO_2 und 1,5 Vol.-% O_2 durchgeführt:

Versuch 1: 1 g konzentrierte Schwefelsäure (96 %) + 0 g Wasser

Versuch 2: 1 g konzentrierte Schwefelsäure (96 %) + 1 g Wasser

Versuch 3: 1 g konzentrierte Salpetersäure (65 %) + 1 g Wasser

Versuch 4: 1 g konzentrierte Salpetersäure (65 %) + 0 g Wasser

Die Massendifferenzen der Werkstoffproben und der Flüssigkeiten in den Keramikschälchen wurden mit einer Waage (Denver Instrument Company AC-2KD) mit 10 mg Auflösung ermittelt. In Abbildung 28 sind Fotos der Werkstoffproben nach 24 h Versuchsdauer dargestellt. Es ist zu erkennen, dass die Versuche 1 und 2 mit Schwefelsäure zu äußerst geringer Korrosion führten. Die Massendifferenz der Probe lag unterhalb der 10 mg Auflösung der Waage. Durch Wiegen der Massendifferenz der Säure in Versuch 1 konnte festgestellt werden, dass nur äußerst wenig Schwefelsäure im Fluidgemisch gelöst wurde, da auch hier die Massenänderung unter 10 mg betrug. Beim Versuch 2 nahm das Gewicht der Schale mit Schwefelsäure um 680 mg zu, wohingegen die Schale mit Wasser leer war. Die 1000 mg Wasser sind demnach zunächst im CO_2-reichen Fluidgemisch in Lösung gegangen und wurden dann zum Teil durch die hygroskopische Schwefelsäure absorbiert. Dies belegt, dass auf Probenoberflächen auskondensierte Schwefelsäure Wasser aus der CO_2-ungesättigten Atmosphäre absorbieren und somit einen wässrigen Elektrolyten bilden kann. Die übrigen 320 mg Wasser, die nicht von der Schwefelsäure absorbiert wurden, waren offenbar immer noch im Fluidgemisch gelöst und haben beim Entspannen den Autoklav mit dem ausströmenden Fluid verlassen. Diese Versuche haben gezeigt, dass die Löslichkeit von Schwefelsäure in überkritischem CO_2 äußerst gering ist und dass die Schwefelsäuretaupunkttemperatur bei den vorliegenden Bedingungen von 60 °C, 100 bar, einem Gramm 96 prozentiger Schwefelsäure und 1100 ml CO_2 unterschritten ist.

Bei den Versuchen mit Salpetersäure fiel das Ergebnis anders aus. Wie auf den Fotos der Abbildung 28 zu erkennen ist, ist die Korrosion bei den Versuchen 3 und 4 viel stärker ausgeprägt als bei den Versuchen mit Schwefelsäure. Beim Versuche 3, bei dem zwei Schalen mit je 1 g Salpetersäure und 1 g Wasser in den Autoklav gestellt wurden, nahm die Probe 830 mg an Gewicht zu. Die mit Wasser gefüllte Schale war nach dem Versuch leer, wohingegen in der mit Salpetersäure gefüllten Schale ein Rest von 40 mg übrig war. Beim Versuch 4 wurde kein zusätzliches Wasser zugegeben. Hier war die Schale mit der Säure nach dem Versuch komplett leer und die Probe mit einer porösen, schlecht haftenden Schicht bedeckt. Die Salpetersäure löst sich demnach besser im überkritischen CO_2 als Schwefelsäure und die Säuretaupunkttemperatur ist bei 60 °C, 100 bar und einem Gramm 65 prozentiger Salpetersäure in 1100 ml CO_2 noch nicht unterschritten. Beim Aufheizen des Autoklavs auf die Versuchstemperatur erfolgt die Aufwärmung der Werkstoffprobe zeitverzögert, sodass auf der Probenoberfläche doch Salpetersäure kondensieren kann. Die dadurch entstehenden Korrosionsprodukte können durch die hygroskopische Wirkung zu einer lokalen Taupunktunterschreitung von Wasser und so zu der auf den Fotos sichtbaren starken Korrosion führen.

Versuch 1 Versuch 2 Versuch 3 Versuch 4

Abbildung 28: Werkstoffproben aus 1.0582 nach 24 Stunden in einem Fluidgemisch aus 1,5 Vol.-% Sauerstoff und CO_2 bei 60 °C und Zugabe von Schwefel- oder Salpetersäure und Wasser

5.3.5 Ergebnisse der Versuche mit Oxyfuel-Fluidgemischen

In diesem Abschnitt werden die quantitativen Ergebnisse mit Fluidgemischen der Oxyfuel-Szenarien beschrieben sowie die Einflüsse der Begleitstoffkonzentrationen und der Temperatur erläutert.

Ergebnisse mit Pipelinewerkstoffen

Es werden zunächst die Ergebnisse der Versuche mit Pipelinewerkstoffen und anschließend die Ergebnisse der Versuche mit Kompressorwerkstoffen vorgestellt, da diese sich stark unterscheiden.

Einfluss von H_2O

Um den quantitativen Einfluss der Wasserdampfkonzentration auf die Korrosivität zu untersuchen, wurden die vier Pipelinewerkstoffe eine Woche lang in den in Kapitel 2 definierten Fluidzusammensetzungen des Szenarios Zero-Emission ausgelagert. Dabei wurde der Wasserdampfgehalt von 1000 ppm bis 0 ppm variiert. Die sich daraus ergebenden Korrosionsraten sind in Abbildung 29 dargestellt. Dabei sind auf der Ordinate die Fluidzusammensetzungen mit zunehmender Wasserdampfkonzentration und auf der Abszisse die Korrosionsraten in µm/a aufgetragen. Außerdem sind die Schwankungen der Einzelmessungen durch Fehlerindikatoren angedeutet. Es ist zu erkennen, dass bei steigender Wasserdampfkonzentration auch die Korrosionsrate steigt. Dass auch bei den vier Versuchen mit wasserdampffreien Fluidzusammensetzungen geringe Korrosionsraten gemessen wurden, ist vermutlich auf Restfeuchte im Autoklav sowie auf die geringe Grundfeuchte der Flaschengase zurückzuführen. Es wird somit davon ausgegangen, dass diese vier Versuche nicht vollkommen wasserfrei waren.

Aus dem Diagramm wird deutlich, dass das Verhalten der vier Werkstoffe sehr ähnlich ist. Außerdem lagen bei allen Werkstoffen selbst bei einer Wasserdampfkonzentration von 1000 ppm die Korrosionsraten unter 100 µm/a. Es wird zudem deutlich, dass durch Absenkung des Wasserdampfgehalts die Korrosionsraten erheblich reduziert werden können. Eine Nutzungsdauer von 40 Jahren vorausgesetzt, wäre bei Wasserdampfgehalten von 1000 ppm ein Korrosionszuschlag von ca. 3 mm auf die Wanddicke der Pipeline vorzusehen. Bei Wasserdampfgehalten von 600 bzw. 100 ppm reduziert sich der maximal zu erwartende Wanddickenverlust auf ca. 1,25 bzw. 0,8 mm, was erhebliche Einsparung bei den Materialkosten für die Pipeline mit sich bringt. Eine Trocknung des CO_2-reichen Fluidstroms auf 50 ppm H_2O oder niedriger erscheint sinnvoll, um das Korrosionsrisiko weiter zu senken. Allerdings waren auch bei solch niedrigen Wasserdampfgehalten auf einigen Proben lokale Anzeichen für einsetzende Korrosion in Form von Verfärbungen erkennbar.

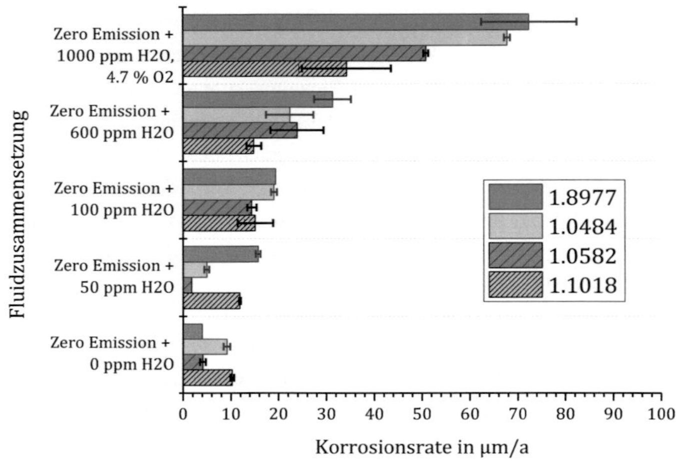

Abbildung 29: Korrosionsraten in µm/a der vier Pipelinewerkstoffe nach einer Woche Auslagerung in Fluidgemischen des Szenarios Zero-Emission bei Wasserdampfgehalten zwischen 0 und 1000 ppm

Abbildung 30 zeigt Fotos der 1.0582 Proben aus den in Abbildung 29 dargestellten Versuchen. Es ist zu erkennen, dass die Proben aus den Versuchen mit null und 50 ppm Wasserdampfkonzentration nur geringe Verfärbungen aufwiesen. Eine mit dem bloßen Auge feststellbare geschlossene Oxidschicht entstand erst bei 1000 ppm Wasserdampfgehalt. Bei 600 ppm Wasserdampfkonzentration waren noch Bereiche auf der Probe erkennbar, die nicht angegriffen waren.

a) b) c) d) e)

Abbildung 30: Fotos von Materialproben (1.0582) nach einer Woche Versuchsdauer in Fluidgemischen des Szenarios Zero-Emission bei unterschiedlichen Wasserdampfgehalten: a) 1000 ppm H_2O, b) 600 ppm H_2O, c) 100 ppm H_2O, d) 50 ppm H_2O, e) 0 ppm H_2O

Einfluss von O_2

Der Einfluss des Sauerstoffgehalts wurde untersucht, indem die Korrosionsraten der vier Pipelinewerkstoffe in drei Fluidgemischen ermittelt wurden, die sich nur hinsichtlich der Sauerstoffkonzentration unterschieden. In Abbildung 31 sind auf der Abszisse die Korrosionsraten in µm/a und auf der Ordinate die verschiedenen Fluidzusammensetzungen aufgetragen, die den in Abschnitt 2.1.1 definierten Oxyfuel-Szenarien entsprechen. Das Fluidgemisch des Szenarios Zero-Emission mit 100 ppm H_2O weist die höchste Sauerstoffkonzentration und das Fluidgemisch des Szenarios Rektifikation die niedrigste Sauerstoffkonzentration der drei Fluidgemische auf. In dem Diagramm ist zu erkennen, dass die Korrosionsrate mit steigendem Sauerstoffgehalt im Fluidgemisch ansteigt. Das Verhalten der vier Werkstoffe ist ähnlich. Der Unterschied der ermittelten Korrosionsraten zwischen den beiden Fluidgemischen der Szenarien Rektifikation und Aufkonzentration ist vernachlässigbar klein. Beide Fluidgemische ergeben Korrosionsraten im Bereich von 5 µm/a, die als unkritisch angesehen werden. Bei dem Fluidgemisch des Oxyfuel-Szenarios Zero-Emission mit 100 ppm Wasserdampfanteil lagen die Korrosionswerte etwa um den Faktor vier höher. Die resultierenden Korrosionsraten von nahezu 20 µm/a gelten aber immer noch als akzeptabel, da ein ausreichender Abstand zum kritischen Wert von 100 µm/a gegeben ist. Die Ergebnisse zeigen zudem, dass eine Aufkonzentration des Oxyfuel-Rauchgases durch partielle Kondensation das Korrosionsrisiko in der Pipeline erheblich senkt, weil dabei der Sauerstoffgehalt im

Rauchgas deutlich sinkt und der Wasserdampfgehalt prozessbedingt auf 100 ppm oder weniger reduziert werden muss (vgl. Kapitel 2.1). In Abbildung 32 sind die Fotos von Werkstoffproben aus dem Werkstoff 1.0582 nach einer Woche Auslagerung in den drei Oxyfuel-Szenarien dargestellt. Die niedrigen Korrosionsraten bei den Szenarien Aufkonzentration und Destillation spiegeln sich auch in dem optischen Zustand der Proben wider. Bei beiden Proben sind keine Anzeichen von Korrosion zu erkennen, wohingegen sich bei der Probe aus dem Fluidgemisch des Szenarios Zero-Emission deutlich die Bildung einer Oxidschicht abzeichnet.

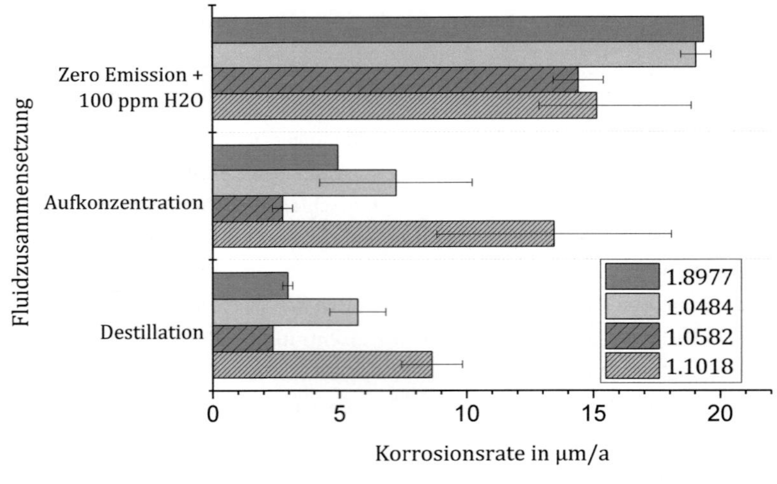

Abbildung 31: Korrosionsraten in µm/a der vier Pipelinewerkstoffe nach einer Woche Auslagerung in den Fluidgemischen der drei Oxyfuel-Szenarien mit Sauerstoffkonzentrationen zwischen 100 ppm und 4,7 Vol.-%

Zero Emission + 100 ppm H_2O | Aufkonzentration | Destillation

Abbildung 32: Fotos von Materialproben (1.0582) nach einer Woche Versuchsdauer in den Fluidgemischen der drei Oxyfuel-Szenarien

Einfluss der SO_2- und der NO-Konzentrationen

Da die Korrosion durch die Bildung und Kondensation starker Säuren initiiert wird, spielen die Sauergase SO_2 und NO eine wichtige Rolle für die Korrosion. Daher wurden die SO_2- und NO-Konzentrationen variiert, um deren quantitativen Einfluss auf die Korrosionsraten zu ermitteln. In Abbildung 33 sind die Korrosionsraten von 1.0582 Proben für verschiedene Sauergaskonzentrationen dargestellt. Dabei sind auf der Abszisse jeweils die Konzentrationen von SO_2 und NO in ppm aufgetragen. Der hellgrau schraffiert dargestellte Balken entspricht der Zusammensetzung des Szenarios Zero-Emission (70 ppm SO_2 und 100 ppm NO) und stellt somit den Referenzversuch dar. Bei den anderen Versuchen wurden die Sauergaskonzentrationen entsprechend erhöht oder verringert, das Verhältnis zwischen SO_2 und NO jedoch wurde konstant gehalten. Die restlichen Begleitstoffe waren für alle Versuche konstant und entsprachen mit 4,7 Vol.-% O_2, 50 ppm CO und 1000 ppm H_2O dem Szenario Zero-Emission mit 1000 ppm Wasserdampf. In dem Diagramm ist zu erkennen, dass sich die Korrosionsraten bei den Versuchen mit einem Viertel der

Sauergaskonzentrationen und denen mit den dreifachen Sauergaskonzentrationen im Vergleich zum Referenzfall nicht wesentlich verändern. Erst bei einer Reduktion auf 10 ppm SO_2 und 14,3 ppm NO verringerte sich die Korrosionsrate signifikant.

Eine mögliche Erklärung dafür, dass die Korrosionsrate sich oberhalb von 10 ppm SO_2 und 14,3 ppm NO nicht mehr wesentlich ändert, ist, dass bereits genügend Säure als Katalysator für die Korrosionsreaktionen vorhanden ist, sodass die Säurekonzentration nicht mehr geschwindigkeitsbestimmend ist. Die sich aus den Sauergasen gebildeten Säuren reagieren dabei mit dem Grundwerkstoff zu Sulfaten und Nitraten. Unter Beteiligung von Wasser und Sauerstoff hydrolysieren die Sulfate und Nitrate, wie in Gleichung (5-1) beschrieben, und bilden unter Säureabgabe Eisenhydroxide. Die freigewordenen Säuren greifen anschließend den Grundwerkstoff erneut an. Ein Säuremolekül kann daher zur Korrosion zahlreicher Eisenatome führen. Die in Abbildung 33 dargestellten Ergebnisse wurden nur für den Werkstoff 1.0582 durchgeführt, da sich in den vorherigen Versuchen gezeigt hatte, dass sich die verschiedenen Pipelinewerkstoffe sehr ähnlich verhalten.

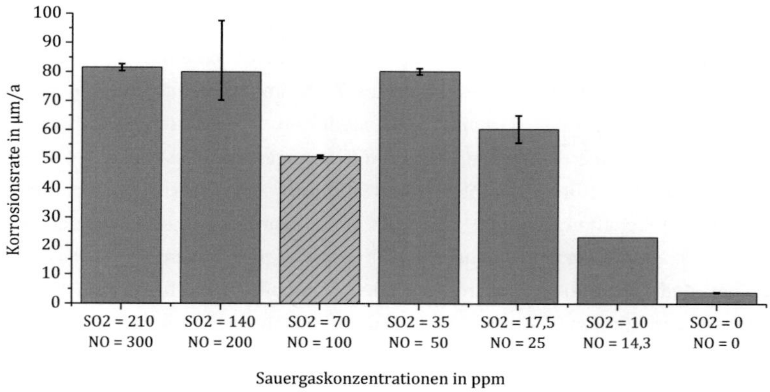

Abbildung 33: Korrosionsraten in µm/a von 1.0582 Proben in Abhängigkeit von verschiedenen Sauergaskonzentrationen

Einfluss der Temperatur

Die Temperatur könnte einen großen Einfluss auf die Korrosionsrate von Pipelinewerkstoffen in CO_2-reichen Fluidgemischen haben. Wird davon ausgegangen, dass das CO_2-reiche Fluidgemisch mit maximal 60 °C in die Pipeline eintritt, wird es sich mit zunehmender Zeit der Umgebungstemperatur annähern. In dieser Arbeit wird von erdverlegten Pipelines ausgegangen, die sich bis auf 10 °C abkühlen. Durch die Abkühlung von 60 auf 10 °C verlangsamen sich chemische Reaktionen sowie Diffusionsvorgänge. Es wäre demnach mit einer verringerten Korrosionsrate zu rechnen. Allerdings steigt mit sinkender Temperatur die Dichte des CO_2-reichen Fluidgemisches. Die Zusammensetzung des Gemisches bleibt zwar unverändert, mit steigender Dichte erhöhen sich aber die Konzentrationen (in mol/l) der korrosiven Begleitstoffe und die zu erwartenden Korrosionsraten. Eine Verringerung der Temperatur kann demnach zu gesteigerten Korrosionsraten durch Konzentrationserhöhung und zu verringerten Korrosionsraten aufgrund von langsameren Reaktionsgeschwindigkeiten führen. Die Abkühlung des CO_2 in der Pipeline steigert außerdem die Gefahr der Säuretaupunkttemperaturunterschreitung.

Um diese Einflüsse zu untersuchen, wurden Versuche bei vier unterschiedlichen Temperaturen (10, 30, 45 und 60 °C) durchgeführt. In Abbildung 34 ist der Temperatureinfluss auf die Korrosionsrate für 1.0582 Proben nach einer Woche Auslagerung in einem Fluidgemisch des Szenarios Zero-Emission mit 100 ppm Wasserdampfgehalt dargestellt. Bei einem so niedrigen Wasserdampfgehalt ist kein wesentlicher Einfluss der Temperatur auf die Korrosionsrate festzustellen. Alle vier Versuche ergeben Korrosionsraten von 15-30 µm/a. Bei Versuchen mit höheren Wasserdampfgehalten von 600 und 1000 ppm konnten keine reproduzierbaren Ergebnisse erzielt werden, die auf einen Trend schließen lassen. Die Korrosionsraten bei niedrigeren Temperaturen als 60 °C schwankten bei den Versuchen zwischen 50 und 350 µm/a. Auf mögliche Gründe hierfür wird in Abschnitt 5.6 eingegangen.

Ob die Temperatur bei Wassergehalten über 100 ppm einen großen Einfluss auf die Korrosionsraten hat, konnte mit diesen Untersuchungen nicht geklärt werden. Allerdings konnte der bereits beschriebene große Einfluss des Wassergehaltes auf die Korrosionsraten bestätigt werden. Die Versuche haben gezeigt, dass bei Fluidgemischen des Oxyfuel-Szenarios Zero-Emission mit Wasserdampfgehalten über 100 ppm unter bestimmten Voraussetzungen mit Korrosionsraten von deutlich über 100 µm/a gerechnet werden muss. Solch hohe Wasserdampfgehalte sollten daher vermieden werden.

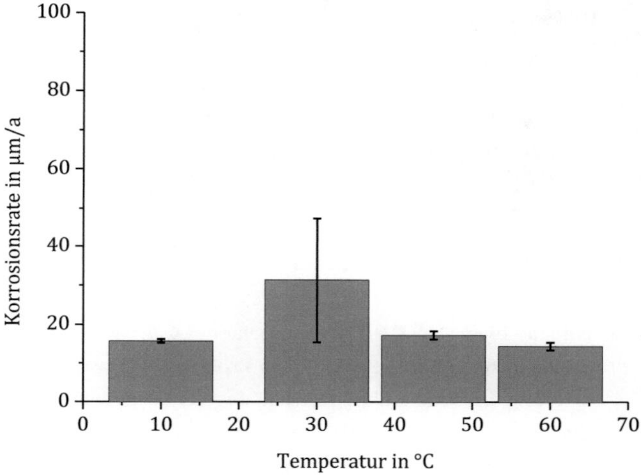

Abbildung 34: Korrosionsrate von 1.0582 Proben nach einer Woche Auslagerung in einem Zero-Emission Fluidgemisch mit 100 ppm H_2O in Abhängigkeit von der Temperatur

Ergebnisse mit Kompressorwerkstoffen

Analog zu den Experimenten mit Pipelinewerkstoffen wurden Versuche mit den vier Kompressorwerkstoffen durchgeführt. Bei einwöchiger Auslagerung bei 60°C in dem korrosivsten Fluidgemisch aller Oxyfuel-Szenarien, dem Szenario Zero-Emission mit 1000 ppm Wasserdampfgehalt, zeigten sich bei keiner der Werkstoffproben Anzeichen für Korrosion (siehe Abbildung 35). Die Korrosionsraten lagen bei allen Proben deutlich unterhalb von 1 µm/a.

1.4006 1.4313 1.4542 3.7165

Abbildung 35: Foto a) einer 1.4006 Probe, b) einer 1.4313 Probe, c) einer 1.4542 Probe und d) einer 3.7165 Probe nach einwöchiger Auslagerung in einem Fluidgemisch des Oxyfuel-Szenarios Zero-Emission mit 1000 ppm H_2O bei 60 °C

Beim Verdichtungsprozess können jedoch vor den Zwischenkühlern deutlich höhere Temperaturen als 60 °C auftreten. Daher wurde die Temperatur in den Autoklaven für weitere Versuche von 60 °C auf 150 °C angehoben. Alle untersuchten Kompressorwerkstoffe zeigten nach einwöchiger Auslagerung in einem Fluidgemisch des Oxyfuel-Szenarios Zero-Emission mit einem Wasserdampfgehalt von 1000 ppm weder visuelle Anzeichen von Korrosion noch Massenveränderungen. Da das eingesetzte Fluidgemisch bereits das korrosivste der definierten Oxyfuel- und Post-Combustion-Szenarien darstellt, wurden keine weiteren Versuche mit den anderen Fluidgemischen durchgeführt. Die untersuchten Kompressorwerkstoffe sind somit gegenüber den definierten Fluidgemischen der Oxyfuel- und Post-Combustion-Szenarien unter den Versuchsbedingungen als korrosionsresistent anzusehen, solange Wasser nicht in flüssiger Form vorliegt.

5.3.6 Zeitlicher Korrosionsverlauf

In Abbildung 36 ist der flächenbezogene Massenverlust von 1.0582 Proben in Abhängigkeit von der Versuchsdauer dargestellt. Dabei wurden sechs kleinere Proben (27 x 25 x 6 mm) in einem Fluidgemisch des Oxyfuel-Szenarios Zero-Emission mit einer Wasserdampfkonzentration von 1000 ppm ausgelagert. Die Proben wurden zu unterschiedlichen Zeiten entnommen und der Massenverlust nach dem Beizen ermittelt. Anschließend wurden sie erneut abgeschliffen, gesäubert, getrocknet, gewogen und zurück in den Autoklav gegeben, um das Verhältnis Probenoberfläche/Medium nicht zu verändern. Das Fluidgemisch wurde nach jeder Probenentnahme erneuert. Für die 3 Messpunkte zwischen 168 und 504 h wurden jeweils drei Messungen und für die anderen drei Messpunkte jeweils eine Messung durchgeführt. Es ist zu erkennen, dass die Korrosion in der Anfangsphase (hier < 24h) einem parabolischen Verlauf und anschließend einem nahezu linearen Verlauf folgt.

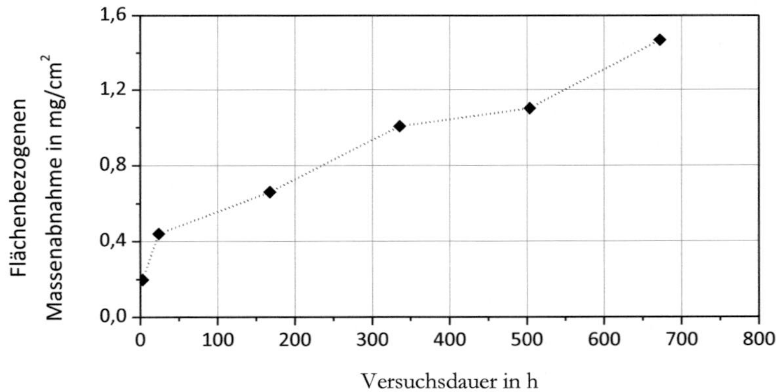

Abbildung 36: Flächenbezogene Massenabnahme von 1.0582 Proben in mg/cm² in Abhängigkeit von der Versuchsdauer in h bei Auslagerung in einem Fluidgemisch des Oxyfuel-Szenarios Zero-Emission mit 1000 ppm Wasserdampfanteil

Dieser Verlauf zeigt Analogien zur atmosphärischen Korrosion in SO_2-haltigen Atmosphären, die in Abschnitt 2.3.4 beschrieben wird und bestärkt somit die Hypothese, dass der Mechanismus des Schichtwachstums in verunreinigtem überkritischem CO_2 der atmosphärischen Korrosion nach dem Evans-Modell ähnelt.

5.4 Ergebnisse der Versuche unter Post-Combustion-Bedingungen

In diesem Abschnitt werden die Ergebnisse der Versuche mit Fluidgemischen der Post-Combustion-Szenarien vorgestellt und diskutiert. Da sich die Verdichterwerkstoffe als korrosionsresistent gegenüber den Fluidgemischen der Oxyfuel-Szenarien gezeigt haben, wurden diese nicht mit Fluidgemischen der Post-Combustion-Szenarien getestet. Letztere weisen bis auf den Lösungsmittelschlupf die gleichen Begleitstoffe in geringerer Konzentration auf wie die Fluidgemische der Oxyfuel-Szenarien. Die Korrosivität der Fluidgemische der Post-Combustion-Szenarien ist daher geringer, sodass davon ausgegangen werden kann, dass sich Werkstoffe, die bei Fluidgemischen der Oxyfuel-Szenarien keine Korrosionserscheinungen zeigten, auch gegenüber Fluidgemischen der Post-Combustion-Szenarien als korrosionsbeständig erweisen. Der Fokus lag hier daher auf Untersuchungen mit den vier Pipelinewerkstoffen. In Abbildung 37 sind die Korrosionsraten der vier Pipelinewerkstoffe in Abhängigkeit von der Fluidzusammensetzung bei einwöchiger Auslagerung bei 60 °C und 110 bar dargestellt.

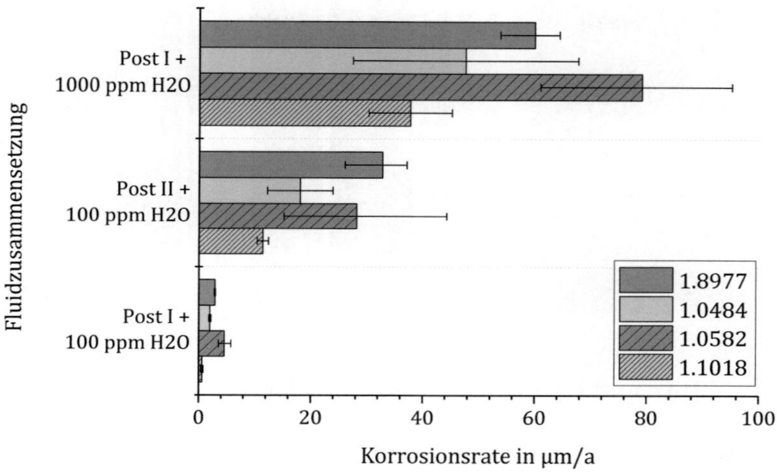

Abbildung 37: Korrosionsraten der vier Pipelinewerkstoffe in Abhängigkeit von der Fluidzusammensetzung der Post-Combustion-Szenarien nach einwöchiger Auslagerung bei 60 °C

Es ist zu erkennen, dass sich im Szenario Post I bei 100 ppm Wasserdampfgehalt die Korrosionsraten aller vier Pipelinewerkstoffe bei sehr geringen Werten unter 5 µm/a lagen. Die Steigerung des Wasserdampfanteils im Szenario Post I auf 1000 ppm führte zu einer Erhöhung der Korrosionsraten etwa um den Faktor 10 bis 15. Die erhöhte Korrosion bei 1000 ppm Wasserdampfanteil führte, wie in Abbildung 38 zu sehen, zu einer deutlich sichtbaren Rostbildung auf der Probenoberfläche. Auch wenn die Korrosionsraten bei 1000 ppm Wasserdampfanteil immer noch unterhalb der als kritisch bezeichneten Grenze von 100 µm/a liegen, kann aus diesen Ergebnissen gefolgert werden, dass eine Trocknung des CO_2-reichen Fluidstroms auf < 100 ppm Wasserdampf aus korrosionstechnischer Sicht zu empfehlen ist, da so der Materialabtrag deutlich verringert werden kann.

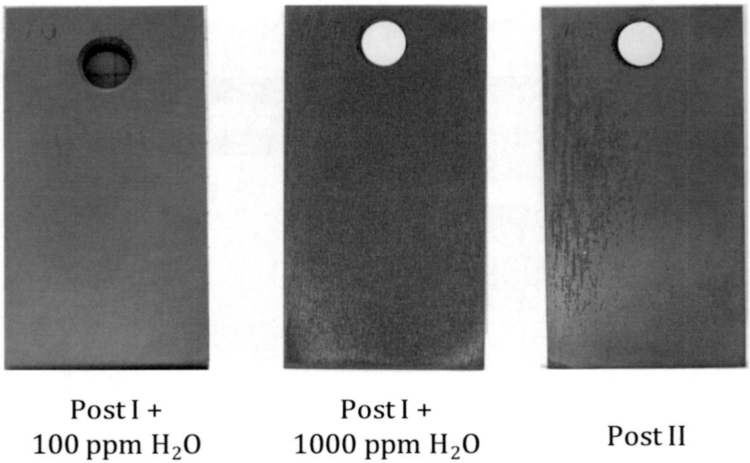

Abbildung 38: Fotos von Proben aus 1.0582 nach einwöchiger Auslagerung in drei verschiedenen Fluidgemischen der Post-Combustion-Szenarien bei 60°C

5.4.1 Einflüsse von MEA

Unter Zugabe von MEA konnte eine Zunahme der Korrosionsrate bei allen Pipelinewerkstoffen gegenüber dem Szenario Post I mit 100 ppm Wasserdampf festgestellt werden. Der stärkere Korrosionsangriff des Szenarios Post II, welches ebenfalls 100 ppm Wasserdampfkonzentration aufweist, ist auch auf den Fotos der 1.0582 Proben in Abbildung 38 zu erkennen. Bei der Probe aus dem Szenario Post II ist eine deutliche Verfärbung und die Bildung von Korrosionsprodukten auf der Probenoberfläche sichtbar. Im Gegensatz dazu zeigt die Probe aus dem Szenario Post I mit 100 ppm Wasserdampf keine signifikanten Korrosionserscheinungen. Neben der verstärkten Korrosion führte die MEA-Zugabe auch zur Bildung von einem gelblichen Rückstand, der nach dem Versuch in den Keramikschalen zurückblieb und in Abbildung 39 zu sehen ist.

Abbildung 39: Rückstände nach einem Versuch mit dem Fluidgemisch des Szenarios Post II

Dieser Rückstand könnte sich im realen Betrieb in der Pipeline oder im Verdichter bilden und auf den Metalloberflächen absetzen. Aus der Literatur ist bekannt, dass MEA mit Schwefel- und Salpetersäure, Sulfate und Nitrate bildet, welche korrosiv wirken können [77]. Dass auch der hier gebildete Rückstand korrosive Salze enthält, konnte an zwei Proben des Rückstandes mittels Metrohm Ionenchromatographie nachgewiesen werden. Beide untersuchten Proben wiesen etwa neun Massenprozent Nitrat und etwa drei Massenprozent Sulfat auf. Die Versuche zeigen daher, dass es bereits bei 10 ppm MEA-Konzentration zur Bildung dieser Salze kommen kann. Daher ist ein MEA-Schlupf und somit die Ablagerung von korrosiven Rückständen zu vermeiden.

5.5 Ergebnisse unter Pre-Combustion-Bedingungen

In diesem Abschnitt werden die Ergebnisse unter Pre-Combustion-Bedingungen vorgestellt und mit den Erkenntnissen aus der Literatur verglichen.

Die Versuche mit Fluidgemischen der Oxyfuel-Szenarien haben gezeigt, dass sich die Pipelinewerkstoffe alle ähnlich verhalten. Daher wurden die Versuche unter

Pre-Combustion-Bedingungen nur mit dem Werkstoff 1.0582 durchgeführt. Proben dieses Werkstoffs wurden zunächst Fluidgemischen des Szenarios Selexol™ ausgesetzt, da dieses höhere Begleitstoffkonzentrationen aufweist, als das Fluidgemisch des Szenarios Rectisol®. Da im Szenario Selexol™ eine Rauchgastrocknung nicht zwingend erforderlich ist, wurde für den Wasserdampfanteil in dem Fluidgemisch eine Spanne zwischen 0 und 1000 ppm angenommen. In Abbildung 40 ist eine 1.0582 Probe dargestellt, welche eine Woche bei 100 bar und 25 °C in dem in Tabelle 3 als Szenario Selexol™ definierten Fluidgemisch mit 600 ppm Wasserdampfgehalt ausgelagert wurde. Es ist zu erkennen, dass die Probe nach einer Woche keine Anzeichen von Korrosion aufwies. Daher wurde der Wasserdampfgehalt auf die maximal angenommenen 1000 ppm erhöht. Wie in Abbildung 41 zu erkennen ist, gab es auch hier nach einer Woche bei 100 bar und 25 °C keine signifikanten Anzeichen für Korrosion. Die Versuche zeigen, dass im Szenario Selexol™ keine signifikante Korrosion auftritt, solange kein flüssiges Wasser vorliegt. Diese Ergebnisse stimmen mit der Literatur ([42], [49] und [50]) überein. Dort wird berichtet, dass erst oberhalb von 60 % relativer Feuchte mit Korrosion zu rechnen ist, da sich ab diesem Wert dünne Wasserfilme auf der Werkstoffoberfläche bilden können. Da das Szenario Rectisol® die gleichen Begleitstoffe wie das Szenario Selexol™ in geringerer Konzentration aufweist, wurden keine Versuche zum Szenario Rectisol® durchgeführt. Es ist davon auszugehen, dass auch hier keine signifikante Korrosion eintritt, solange die relative Feuchte des CO_2-reichen Fluidgemisches unter 60 % liegt.

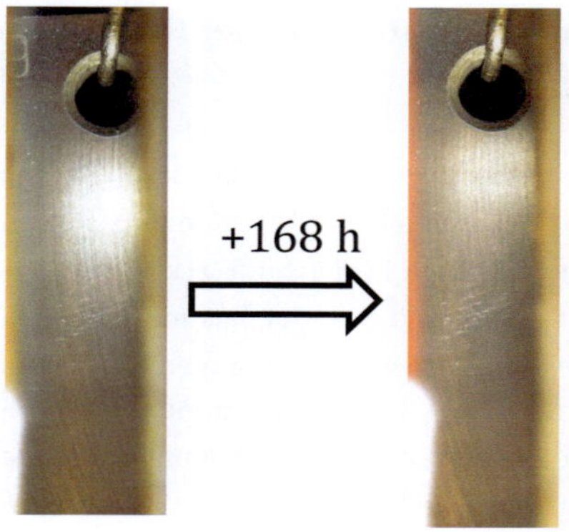

Abbildung 40: 1.0582 Probe, ausgelagert in einem Fluidgemisch des Szenarios Selexol™ mit 600 ppm Wasserdampfgehalt

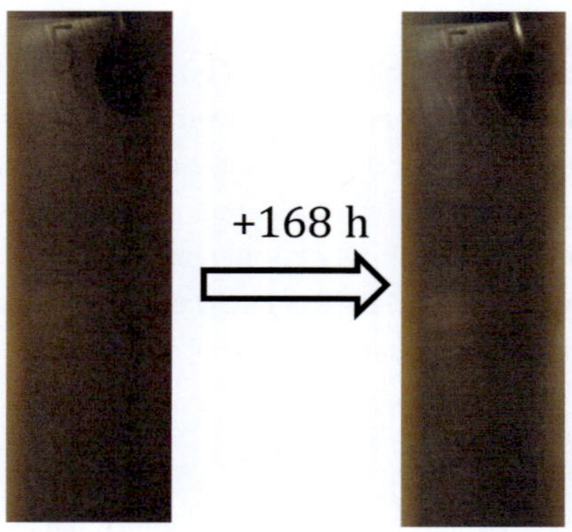

Abbildung 41: 1.0582 Probe, ausgelagert in einem Fluidgemisch des Szenarios Selexol™ mit 1000 ppm Wasserdampfgehalt

5.5.1 Vergleich mit den unter Oxyfuel-Bedingungen gewonnenen Erkenntnissen

Die Ergebnisse zeigen, dass sich Fluidgemische der Pre-Combustion-Szenarien anders verhalten, als die der Oxyfuel- und Post-Combustion-Szenarien. Dies lässt sich anhand der im CO_2 enthaltenen Begleitstoffe erklären. Bei den sauerstoffhaltigen Fluidgemischen der Oxyfuel- und Post-Combustion-Szenarien wurde herausgefunden, dass nur bei Anwesenheit von Wasser, Sauerstoff sowie Sauergasen (NO oder NO und SO_2) starke Korrosion auftritt. In den hier untersuchten Pre-Combustion-Fluidgemischen sind jedoch nur Wasser, Kohlenmonoxid und Schwefelwasserstoff als Begleitstoffe enthalten. Durch das Fehlen der Begleitstoffe O_2, NO und SO_2 können sich keine starken Säuren bilden, die auskondensieren und den Korrosionsprozess initialisieren.

5.5.2 Einfluss von H_2S

Bei den hier untersuchten H_2S-Gehalten von 100 ppm konnte kein Einfluss auf die Korrosivität des Fluidgemisches festgestellt werden, da unter den hier betrachteten Bedingungen (Druck, Temperatur und Begleitstoffkonzentrationen) keine Säuren auf der Werkstoffoberfläche kondensieren. Das definierte Szenario Selexol™ mit den Begleitstoffen 1000 ppm H_2O, 400 ppm CO und 100 ppm H_2S ist bei 100 bar und 25 °C nicht korrosiv. Da H_2S mit Wasser sauer reagiert, verstärkt H_2S die Korrosion, falls flüssiges Wasser vorliegt [56].

5.6 Messgenauigkeit

Wie schon in Kapitel 2.3.4 und Kapitel 4.2.3 erläutert, hängt die Genauigkeit von Korrosionsraten, die über den Massenverlust bestimmt werden, von der Versuchsdauer und dem zeitlichen Verlauf der Korrosion ab. Der Abtrag des Grundwerkstoffs kann linear, logarithmisch (nach Gleichung (2-11)) oder parabolisch (nach Gleichung (2-12)) verlaufen. Bei der Berechnung von Korrosionsraten über den ASTM G31 Standard wird von einem linearen Korrosionsverlauf ausgegangen. Der über die Versuchsdauer ermittelte Massenverlust wird bei diesem Standard auf ein Jahr extrapoliert und in eine Korrosionsrate umgerechnet. Bei einem logarithmischen oder parabolischen Verlauf der Korrosion wären die über den ASTM G31 Standard berechneten Korrosionsraten somit immer zu hoch.

Die Versuche zur Ermittlung des zeitlichen Verlaufs der Korrosionsraten, die in Abbildung 36 dargestellt sind, haben gezeigt, dass die Korrosion nach einer kurzen Anfangsphase mit parabolischem Verlauf einem linearen Verlauf folgt. Das bedeutet, dass die ermittelten Korrosionsraten aufgrund des parabolischen Anfangsbereichs etwas zu hoch sind. Die Messgenauigkeit steigt dabei mit zunehmender Versuchsdauer. Die in dieser Arbeit vorgestellten Experimente wurden zum Großteil mit einer Versuchsdauer von einer Woche durchgeführt. Diese Versuchsdauer wurde gewählt, weil die parabolischen Schichtbildungsvorgänge dann bereits abgeschlossen sind und der Großteil der Versuchsdauer im linearen Korrosionsbereich lag. Eine längere Versuchsdauer wurde trotz der dann höheren Messgenauigkeit nicht gewählt, um die Versuchsanzahl nicht reduzieren zu müssen.

Einen sehr großen Einfluss auf die Messgenauigkeit und die Reproduzierbarkeit besitzt die Kondensation der entstehenden Säuren. In Abbildung 29 und Abbildung 31 ist zu erkennen, dass reproduzierbare Ergebnisse erzielt werden konnten, aus denen klare Trends abzulesen sind. In diesen Fällen waren der Start der Temperierung, die Aufheitzrate der Autoklaven und die Reihenfolge der Begleitstoffzugaben gleich. Bei Abweichungen z. B. durch geringere Zieltemperaturen oder durch vorgeheizte Autoklaven kam es zu extremen Schwankungen bei den ermittelten Korrosionsraten. Bei Fluidgemischen des Szenarios Zero-Emission und Versuchstemperaturen unter 60 °C schwankten die Korrosionsraten von Werkstoffproben aus 1.0582 zwischen 50 und 350 µm/a bei 1000 ppm Wasserdampfgehalt und zwischen 30 und 250 µm/a bei 600 ppm Wasserdampfgehalt. Reproduzierbare Versuchsergebnisse bei Wasserdampfgehalten über 100 ppm und bei niedrigeren Temperaturen als 60 °C wurden nicht erreicht. Eine Erklärung hierfür ist, dass bei geänderter Temperaturführung andere Strömungsverhältnisse und Temperaturverteilungen im Autoklav herrschen. Da Schwefelsäure, wie in den Versuchen festgestellt wurde, im überkritischen CO_2 sehr schlecht löslich ist, kondensiert sie an der Stelle aus, an der sie entsteht. Sie kann sich also auch auf der Innenwand des Autoklavs niederschlagen. Bei geänderten Strömungsverhältnissen und Temperaturverteilungen im Autoklav kann so mehr oder weniger Schwefelsäure auf die

Proben gelangen. Diese Problematik konnte versuchstechnisch nicht gelöst werden. Es bleibt jedoch festzuhalten, dass bei Wasserdampfgehalten über 100 ppm mit Korrosionsraten über 100 µm/a zu rechnen ist.

6 Auswirkungen der Ergebnisse auf die Abtrennungsverfahren

In diesem Kapitel werden die möglichen Auswirkungen der Ergebnisse auf die verschiedenen CO_2-Abtrennungsverfahren beschrieben. Dabei wird insbesondere auf die Korrosionsrisiken der sieben definierten Szenarien eingegangen.

6.1 Oxyfuel

Die Ergebnisse zeigen, dass abgetrenntes CO_2 aus Oxyfuel-Prozessen sehr korrosiv sein kann. Als kritische Begleitstoffkomponenten wurden Wasser, Sauerstoff und die Sauergase SO_x und NO_x identifiziert. Die Minimierung einer dieser Komponenten geht mit einer Reduzierung der Korrosionsrate einher. In den drei Oxyfuel-Szenarien werden unterschiedliche technische Verfahren und Komponenten zur CO_2-Reinigung verwendet. Daher unterscheiden sich die Begleitstoffkonzentrationen der Szenarien und somit auch deren Korrosionsrisiken.

Szenario Zero-Emission

Im Szenario Zero-Emission sind die Wasserdampf- und Sauerstoffkonzentrationen im CO_2 im Vergleich zu den anderen beiden Szenarien sehr hoch, da eine Trocknung aus prozesstechnischer Sicht nicht zwingend erforderlich ist und keine Aufreinigung durch partielle Kondensation vorgesehen ist. Eine Verringerung des Sauerstoffgehalts im Rauchgas ist begrenzt, da für eine möglichst vollständige Verbrennung und zur Vermeidung von Korrosion an den Brennkammerwänden ein Sauerstoffüberschuss benötigt wird. Demnach muss im Rauchgas immer eine signifikante Restkonzentration an Sauerstoff vorliegen. Im Rauchgas des Oxyfuel-Prozesses ist je nach Wasser- und Wasserstoffanteil der Kohle zudem eine hohe Wasserdampfkonzentration zu erwarten. Letztere wird durch die Rauchgaskühllung und die daraus resultierende Auskondensation von Wasser gesenkt. Die Ergebnisse haben gezeigt, dass bei 60 °C und einer Wasserdampfkonzentration von 1000 ppm die Korrosionsraten der Pipelinewerkstoffe zwar in der Regel unterhalb der kritischen 100 µm/a Grenze liegen, durch veränderte Temperaturführung der Autoklaven wurden jedoch auch Werte oberhalb dieser Grenze ermittelt. Daher sind die untersuchten Pipelinewerkstoffe für das Szenario Zero-Emission mit 600 und mit 1000 ppm Wasserdampfgehalt nicht geeignet. Es wurde zudem beobachtet, dass die Korrosion linear fortschreitet und keine Passivierung auftritt.

Um starke Korrosion zu vermeiden, müsste die Kondensation von Säure und Wasser verhindert werden. Wie bereits erwähnt, hängt die Säuretaupunkttemperatur in erster Linie vom Partialdruck des Sauergases und des Wasserdampfs ab [41]. Eine Reduktion der Wasserdampfkonzentration senkt die Säuretaupunkttemperatur. Versuche mit konzentrierter Schwefelsäure haben gezeigt, dass die Löslichkeit von Schwefelsäure in überkritischem CO_2 sehr gering und die Säuretaupunkttemperatur aufgrund des hohen Drucks offensichtlich sehr hoch liegt. Das bedeutet, dass der Wasserdampfgehalt sehr stark reduziert werden müsste, um Kondensation von Schwefelsäure zu verhindern. Die Versuche haben des Weiteren gezeigt, dass die Löslichkeit von Salpetersäure in CO_2 deutlich höher und die Säuretaupunkttemperatur deutlich niedriger liegen als bei Schwefelsäure. Durch Reduzierung der Wasserdampfkonzentration wird somit zunächst die Salpetersäurekondensation vermieden und erst bei weiterer Trocknung die Schwefelsäurekondensation. Schwefelsäure ist somit als kritischere Begleitstoffkomponente zu sehen. Das Szenario Zero-Emission ist aus korrosionstechnischer Sicht nicht gut geeignet für den Pipelinetransport, da die höheren Sauerstoffkonzentrationen im CO_2 das Korrosionsrisiko erhöhen und da selbst bei niedrigen Wasserdampfkonzentrationen von 50 ppm bei einigen Proben Anzeichen von Korrosion zu erkennen waren.

Für alle drei Oxyfuel-Szenarien gilt, dass neben der Säurekondensation auch die Kondensation von Wasser verhindert werden muss. In Abbildung 42 ist die Löslichkeit von Wasser in CO_2 als Funktion des Drucks und der Temperatur aufgetragen. Es ist zu sehen, dass die Löslichkeit je nach Temperatur ein Minimum aufweist. Dieses Minimum verschiebt sich mit abnehmender Temperatur zu niedrigeren Drücken. Bei 15 °C liegt es zwischen 30 und 55 bar. Um eine Wasserdampfkonzentration von etwa 600 ppm zu erreichen, müsste das Rauchgas bei einem Druck von 34,5 bar auf etwa 12 °C und bei einem Druck von 52,4 bar auf etwa 15,5 °C abgekühlt werden [78]. Dies wäre aufgrund der Grädigkeit im Wärmeübertrager selbst mit Seewasserkühlung kaum zu erreichen. Bei 1000 ppm Wasserdampfgehalt müsste das Rauchgas für die Auskondensation bei 34,5 bar auf 20°C abgekühlt werden [78]. Die Ergebnisse zeigen, dass im Szenario Zero-Emission geringste Wasserdampfkonzentrationen deutlich unterhalb von 50 ppm benötigt werden, um unter den Versuchsbedingungen sichtbare Korrosionserscheinungen zu vermeiden. Um diese Wasserdampfkonzentrationen zu erreichen, müsste eine Trocknung z. B. mit Molsieben oder Silicagel eingesetzt werden. Aufgrund des hohen Korrosionspotentials sind Fluidgemische des Szenarios Zero-Emission für den Pipelinetransport nicht zu empfehlen. Die beiden Oxyfuel-Szenarien Aufkonzentration und Rektifikation sind diesem vorzuziehen.

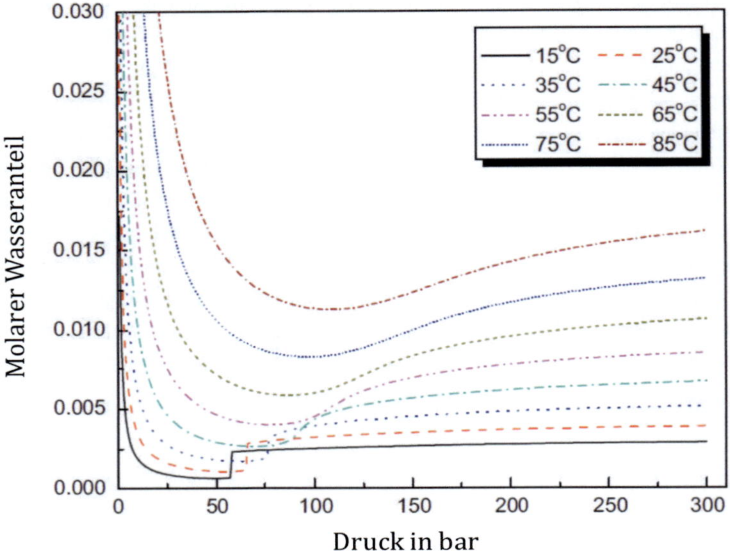

Abbildung 42: Berechnete Löslichkeit von Wasser in CO_2 als Funktion des Drucks und der Temperatur nach [54]

Szenario Aufkonzentration

Die ermittelten Korrosionsraten für dieses Szenario lagen für die drei untersuchten Kohlenstoffstähle unter 10 µm/a und für Weicheisen unter 20 µm/a. Die niedrigen Korrosionsraten können bei diesem Szenario darauf zurückgeführt werden, dass der Sauerstoffanteil durch die partielle Kondensation und der Wasserdampfanteil durch die vorgesehene Trocknung deutlich gesenkt wurden. Die optische Überprüfung der Proben zeigten keine Anzeichen von Korrosion. Die geringen Korrosionsraten würden bei einer Nutzungsdauer von 40 Jahren einen erforderlichen Korrosionszuschlag von 0,3 mm auf die Wanddicke der Pipeline erfordern. Die Batchversuche legen nahe, dass aufgrund der geringen zu erwartenden Korrosionsraten auf zusätzliche Bauteile oder Verfahrensschritte zur Reduzierung der

Korrosivität des CO_2-reichen Fluidstroms verzichtet werden kann. Dies ist jedoch mit Versuchen mit kontinuierlicher Frischgaszufuhr zu bestätigen.

Szenario Rektifikation

Für dieses Szenario gilt aufgrund der Batchversuche analog zum Szenario Aufkonzentration ebenfalls, dass keine weiteren Maßnahmen zur Reduktion der Korrosivität des CO_2-reichen Fluidstroms erforderlich sind. Die ermittelten Korrosionsraten sind in der gleichen Größenordnung, wie die des Szenarios Aufkonzentration und sind mit unter 10 µm/a als akzeptabel zu bezeichnen. Aufgrund des geringeren Sauerstoffgehalts ist das Korrosionsrisiko in diesem Szenario geringer als im Szenario Aufkonzentration. Für die belastbare Übertragbarkeit dieser Ergebnisse auf reale Pipelines sollten die Ergebnisse durch Versuche mit kontinuierlicher Frischgaszufuhr bestätigt werden.

6.2 Post-Combustion

Die Versuchsergebnisse in Post-Combustion-Fluidgemischen haben gezeigt, dass auch hier der Wasserdampfgehalt einen großen Einfluss auf die Korrosionsrate besitzt. Aus korrosionstechnischer Sicht ist es daher sinnvoll den Wasserdampfgehalt soweit zu reduzieren, dass keine Säure auskondensiert oder zumindest eine Wasserdampfkonzentration von 100 ppm unterschritten wird, um den Materialverlust möglichst gering zu halten. Daher wird auch bei diesem Abtrennungsverfahren eine Trocknung des CO_2-reichen Fluidstroms notwendig. Weiterhin hat sich gezeigt, dass ein MEA-Schlupf vermieden werden sollte, da es sonst zur Bildung von korrosiven Salzen kommen kann, die sich auf den Metalloberflächen absetzen können.

6.3 Pre-Combustion

Die Ergebnisse zeigen, dass bei den beschriebenen Versuchsbedingungen keine Korrosion bei den untersuchten Fluidgemischen auftritt, weil kein flüssiges Wasser vorliegt und keine Säuren auskondensieren. Der Wasserdampfgehalt im transportierten, CO_2-reichen Fluidgemisch muss so niedrig gehalten werden, dass 60 % relative Feuchte nicht überschritten werden, da sich ab diesem Wert dünne Wasserfilme bilden können [42], [49]. Für das Szenario Selexol™ heißt dies, dass bei einer angenommenen Bodentemperatur von 10 °C, an die sich die Temperatur des CO_2-reichen Fluidstroms in der Pipeline asymptotisch annähert, eine Trocknung durch Zwischenkühlung und Kondensation nicht ausreicht und eine Trocknung z. B. mit Molsieben oder Silicagel eingesetzt werden muss. Beim Szenario Rectisol® ist diese Trocknung prozessbedingt bereits notwendig. Sofern 60 % relative Feuchte nicht überschritten werden, ist bei beiden Szenarien mit keiner signifikanten Korrosion zu rechnen.

7 Zusammenfassung

Im Rahmen der vorliegenden Arbeit wurden Pipeline- und Verdichterwerkstoffe im Hinblick auf Korrosion in überkritischem, verunreinigtem CO_2 untersucht. Der aus vier temperierten Hochdruckautoklaven bestehende Prüfstand wurde von Grund auf neu konzipiert und errichtet. Zusätzlich wurde ein Befüllungsschema für die Autoklaven entwickelt, welches statische Auslagerungsversuche mit innerhalb der zu erwartenden CO_2-Reinheiten frei wählbaren Fluidzusammensetzungen ermöglicht.

In der vorliegenden Literatur über den Transport von CO_2 liegen kaum Informationen über den Einfluss der im abgeschiedenen, CO_2-reichen Fluidgemisch enthaltenen Begleitstoffe auf die Korrosivität des Fluidgemisches vor. Besonders die Auswirkungen von Schwefel- und Stickoxiden auf die Korrosivität CO_2-reicher Fluidgemische mit niedrigen Wasserdampfkonzentrationen sind bisher nicht hinreichend untersucht worden.

Mit den in dieser Arbeit durchgeführten Experimenten und erzielten Ergebnissen konnten die für die Korrosion kritischen Begleitstoffkomponenten identifiziert werden. Des Weiteren konnte zu einem tieferen Verständnis der Korrosionsmechanismen beigetragen werden und es werden erste Abschätzungen über zu erwartende Korrosionsraten geliefert. Zudem können auf Grundlage der erzielten Ergebnisse Rückschlüsse auf die zu wählenden Prozessführungen der verschiedenen Technologierouten zur CO_2-Abtrennung gezogen werden. Der Fokus der in dieser Arbeit durchgeführten Untersuchungen lag auf Versuchen mit realitätsnahen, CO_2-reichen Fluidgemischen mit niedrigen Wasserdampfkonzentrationen, bei denen Wasser in gelöster und nicht in flüssiger Form vorlag. Um Pipelinestörfälle und Zustände in Verdichterzwischenkühlern einzubeziehen, wurden zudem Auslagerungsversuche in flüssigem, CO_2-gesättigtem Wasser und in Säuregemischen durchgeführt. Als Grundlage für die Experimente wurden für jede der drei Technologierouten zur CO_2-Abtrennung je nach Anzahl der Prozessführungsvarianten zwei bis drei Szenarien mit den zu erwartenden CO_2-Reinheiten und Begleitstoffkonzentrationen definiert.

Insgesamt wurden vier un- bzw. mikrolegierte Pipelinewerkstoffe und vier hochlegierte Verdichterwerkstoffe untersucht. Die vier Pipelinewerkstoffe wiesen ein sehr ähnliches Korrosionsverhalten auf. Auf Basis der hier durchgeführten Untersuchungen kann festgestellt werden, dass in Fluidgemischen der Pre-Combustion-Szenarien keine signifikante Korrosion eintritt, solange die Kondensation von Wasserdampf ausgeschlossen werden kann. Dies deckt sich mit Erkenntnissen aus [42] und [49], nach denen eine Kondensation unterhalb einer relativen Feuchte von 60 % unter den ungünstigsten Bedingungen in der Pipeline ausgeschlossen werden kann.

Im Gegensatz zu den Ergebnissen bei Fluidgemischen aus Pre-Combustion-Verfahren kann es bei Fluidgemischen aus Oxyfuel- und Post-Combustion-Verfahren zu signifikanter Korrosion der Pipelinewerkstoffe kommen, selbst wenn die relative Feuchte deutlich unterhalb von 60 % liegt. Diese Korrosion in CO_2-reichen Fluidgemischen mit geringen Wasserdampfgehalten tritt ein, da sich durch die Aufoxidation von SO_2 zu SO_3 und NO zu NO_2 unter hohem Druck und unter Beteiligung von Wasser und Sauerstoff Schwefel- und Salpetersäure bilden. Deren Taupunkttemperaturen, die abhängig vom Druck, von der Temperatur und von der Fluidzusammensetzung sind, werden in dem üblichen Transportbereich von CO_2 schnell unterschritten. Beim Unterschreiten der Säuretaupunkttemperatur kondensieren die Säuren in konzentrierter Form auf der Werkstoffoberfläche und reagieren mit selbiger zu Sulfat- und Nitratverbindungen. Die Säuren selbst sowie auch deren Reaktionsprodukte mit dem Werkstoff wirken stark hygroskopisch. Die hygroskopische Wirkung verringert die Taupunkttemperatur des Wasserdampfes lokal soweit, dass sich auf der Werkstoffoberfläche trotz einer relativen Feuchte von weniger als 60 % im CO_2-reichen Fluidgemisch ein dünner Wasserfilm bildet. Der Wasserfilm ermöglicht das Ablaufen von elektrochemischen Korrosionsmechanismen. Die durch die Säuren gebildeten Eisensulfate und -nitrate hydrolysieren unter Beteiligung von Sauerstoff und Wasser, wobei Eisenhydroxide und wiederum Schwefel- und Salpetersäure entstehen. Die frei werdenden Säuren greifen daraufhin den Grundwerkstoff erneut an. Auf diese Weise katalysieren die Säuren die Bildung von Eisenhydroxid analog zu dem Mechanismus der atmosphärischen Korrosion unter Beteiligung von SO_2 nach Evans.

Die durchgeführten Experimente zeigen, dass die sich auf den Pipelinewerkstoffen bildende Korrosionsschicht keine passivierende Wirkung hat und dass die Korrosionsgeschwindigkeit nach einem wenige Stunden dauernden parabolischen Anfangsbereich einem linearen Zeitgesetz folgt. Die Korrosionsraten steigen mit zunehmender Wasser- und Sauerstoffkonzentration im CO_2-reichen Fluidgemisch an. Bei Erhöhung der SO_2- und NO-Konzentrationen über 17,5 bzw. 25 ppm konnte keine weitere Steigerung der Korrosionsrate nachgewiesen werden. Allerdings erhöht eine gesteigerte Sauergaskonzentration auch die Säuretaupunkttemperaturen und somit die Korrosionsgefahr.

Auf Basis der erzielten Ergebnisse kann geschlussfolgert werden, dass die Erfahrungen aus dem CO_2-Transport in den USA sowie die dort geltenden Spezifikationen zur erforderlichen CO_2-Reinheit nicht auf CO_2-reiche Fluidgemische aus Oxyfuel- und Post-Combustion-Verfahren übertragbar sind. Dort werden ausschließlich nahezu sauerstofffreie Fluidgemische mit reduzierender Atmosphäre transportiert. Die beiden Technologierouten Oxyfuel und Post-Combustion führen jedoch zu CO_2-reichen Strömen, die aufgrund der Begleitstoffe O_2, SO_x, NO und H_2O oxidierend auf Pipelinewerkstoffe wirken. Diese vier Begleitstoffe führen zu erhöhtem Korrosionsrisiko aufgrund der beschriebenen Säurebildung und Säurekondensation. Bei diesen beiden Technologierouten müssen diese Begleitstoffe daher soweit reduziert werden, dass die Säuretaupunkttemperaturen von Schwefel- und Salpetersäure an keinem Ort der Pipeline unterschritten werden. Der Einsatz einer CO_2-Trocknungsanlage ist daher für alle Oxyfuel- und Post-Combustion-Szenarien notwendig. Das Oxyfuel-Szenario Zero-Emission eignet sich selbst bei niedrigen Wasserdampfkonzentrationen von 100 ppm aufgrund der hohen Sauerstoffkonzentration und des damit verbundenen hohen Korrosionsrisikos nicht für den CO_2-Transport in Pipelines aus den untersuchten Werkstoffen. Die Oxyfuel-Szenarien Aufkonzentration und Rektifikation sowie das Post-Combustion-Szenario Post I mit Wassergehalten von jeweils 100 ppm erwiesen sich in den Versuchen als zulässig für den CO_2-Transport in Pipelines aus den untersuchten Werkstoffen, da dort keine sichtbaren Anzeichen von Korrosion auftraten. Ein MEA-Schlupf, welcher im Szenario Post II untersucht wurde, muss verhindert werden, da es sonst zu Ablagerungen von korrosiven Salzen in der Pipeline kommen kann. Das Szenario Post II ist daher nicht für den CO_2-Transport in Pipelines geeignet.

Die vier untersuchten Verdichterwerkstoffe wiesen in keiner der untersuchten Fluidgemische Anzeichen von Korrosion auf. Bei den Versuchen mit flüssigen Säuregemischen, wie sie in den Kondensaten der Zwischenkühler vorkommen, stellten sich große Unterschiede in den ermittelten Korrosionsraten ein. Dabei erwiesen sich die Werkstoffe 1.4542 und 3.7165 unter den beschriebenen Versuchsbedingungen als besonders korrosionsresistent. Der Werkstoff 1.4542 stellt von den beiden besonders korrosionsresistenten Werkstoffen die deutlich preiswertere und besser zu bearbeitende Variante dar.

Literaturverzeichnis

[1] IEA: *International Energy Agency: Key World Energy Statistics*. 2010

[2] IPCC: Summary for Policymakers. In: B. Metz, P.R. Bosch R. Dave L.A. M. O.R. Davidson D. O.R. Davidson (Hrsg.): *Climate Change 2007: Mitigation. Contribution of Working Group III to the Fourth Assessment Report of the Intergovernmental Panel on Climate Change*. Cambridge University Press, 2007

[3] IEA: *International Energy Agency: World Energy Outlook*. 2010

[4] Sass, B.; Monzyk, B.; Ricci, S.; Gupta, A.; Hindin, B.; Gupta, N.; Thomas, D. C. (Hrsg.); Benson, S. M. (Hrsg.): *Kapitel* Impact of SOx and NOx in Flue Gas on CO_2 Separation, Compression and Pipeline Transmission. In: *Carbon Dioxide Capture for Storage in Deep Geologic Formations, Volume 2*. Elsevier Ltd., 2005, S. 955 – 981

[5] RWE: Power: Perspektiven 2008 CCS -Carbon Capture and Storage. (2008)

[6] Kather, A.; Klostermann, M.; Hermsdorf, C.; Mieske, K.; Eggers, R.; Köpke, D.: Konzept für ein 600 MWel Steinkohlekraftwerk mit CO_2-Abtrennung auf Basis des Oxyfuel-Prozesses. In: *Kraftwerkstechnisches Kolloquium Dresden*. 2007

[7] Kather, A.; Hermsdorf, C.; Klostermann, M.: Der kohlebefeuerte Oxyfuel-Prozess - Grundlagen zur Dampferzeugergestaltung und Möglichkeiten zur Verminderung der Verunreinigungen im CO_2. In: *VGB PowerTech* 87 (2007), Nr. 4, S. 84 – 91

[8] Kather, A.; Eggers, R.; Hermsdorf, C.; Klostermann, M.; Köpke, D.; Mieske, K.: Oxyfuel-Prozess für Steinkohle mit CO_2-Abscheidung / Technische Universität Hamburg-Harburg Institut für Energietechnik. 2009. – Forschungsbericht

[9] Mieske, K.: *Schadstoffbildung bei der Verbrennung im Oxyfuel-Prozess*, Technische Universität Hamburg-Harburg, Diss., 2010

[10] Burchhardt, U.: CO_2-Abscheidung - Die Oxyfuel Forschungsanlage und alternative Abscheide-Technologien. In: *Workshop des Institutes für Energie- und Regulierungsrecht, FU Berlin, 27. Mai 2009*. 2009

[11] Prebende, C.; Aimard, N.; Cieutat, D.; Sanchez-Molinero, I.; Tsiava, R.: The CO_2 Pilot at Lacq. In: *Third Workshop IEA GHG International Oxyfuel Combustion Network, Yokohama, 5.-6. März 2008*. 2008

[12] Paschke, B.; Kownatzki, S.; Kather, A.: CO_2-Abscheidungsverfahren -Wie rein ist das CO_2-. In: *Workshop CCS-Technologie - Werkstofffragen prozesstechnisch lösen, Dechema 14. Dezember*. 2011

[13] M., Anheden; Andersson, A.; Bernstone, C.; Eriksson, S.; Yan, J.; Liljemark, S.; Wall, C.: CO_2 quality requirement for a system with CO_2 capture, transport and storage. In: Rubin, E.S. (Hrsg.); Keith, D.W. (Hrsg.); Gilboy, C.F. (Hrsg.); Wilson, M. (Hrsg.); Morris, T. (Hrsg.); Gale, J. (Hrsg.); Thambimuthu, K. (Hrsg.): *Greenhouse Gas Control Technologies 7*. Oxford : Elsevier Science Ltd, 2005. – ISSN 978–0–08–044704–9, S. 2559–2564

[14] Paschke, B.; Kownatzki, S.; Kather, A.: CO_2-Abscheidungsverfahren, Wie rein ist das CO_2. In: *GfKORR-Workshop, CCS-Technologie Werkstofffragen prozesstechnisch lösen*. 2011

[15] White, V.; Torrente-Murciano, L.; Sturgeon, D.; Chadwick, D.: Purification of oxyfuel-derived CO_2. In: *International Journal of Greenhouse Gas Control* 4 (2010), Nr. 2, S. 137 – 142. – ISSN 1750–5836

[16] Kather, A.; Rafailidis, S.; Hermsdorf, C.; Klostermann, M.; Maschmann, A.; Mieske, K.; Oexmann, J.; Pfaff, I.; Rohloff, K.; Wilken, J.: *Research and development needs for clean coal deployment, IEA Clean Coal Centre*. 2008

[17] Oexmann, J.: *Post-Combustion CO_2 Capture: Energetic Evaluation of Chemical Absorption Processes in Coal-Fired Steam Power Plants*, Technische Universität Hamburg-Harburg, Diss., 2011

[18] Kather, A.; Kownatzki, S.; Paschke, B.: *Stand der Technik von Kraftwerken mit Abscheidung von CO_2*. 2009

[19] Higman, C.; van Burgt, M.: *Gasification*. Gulf Professional Publishing, zweite Auflage, 2008

[20] Foster Wheeler: Potential for Improvement in Gasification Combined Cycle Power Generation with CO_2 Capture - PH4/19, IEA GHG. 2003. – Forschungsbericht

[21] Korobov, D.; Meyer, B.: Konzeptentwicklung für das schlanke 55% plus-IGCC-Kraftwerk bis maximal 1.000 MWel (55% plus-IGCC-Kraftwerk) / Technische Universität Bergakademie Freiberg, Institut für Energieverfahrenstechnik und Chemieingenieurwesen. 2006. – Forschungsbericht

[22] Schwarz, J.: Feasibility Study for an Integrated Gasification Combined Cycle Facility at a Texas Site. EPRI, Palo Alto. 2006. – Forschungsbericht

[23] Duncan, I. J.; Nicot, J.-P.; Choi, J.-W.: Risk Assessment for future CO_2 Sequestration Projects Based CO_2 Enhanced Oil Recovery in the U.S. In: *Energy Procedia* 1 (2009), Nr. 1, S. 2037 – 2042. – ISSN 1876–6102

[24] Accenture: Carbon Capture and Storage: Actions to achieve high performance in a low-carbon economy. (2009)

[25] Tostmann, K.-H.: *Korrosion, Ursachen und Vermeidung*. Wiley-VCH, 2001

[26] Shreir, L L.; Shreir, L L. (Hrsg.); Jarman, R A. (Hrsg.); Burstein, G T. (Hrsg.): *Kapitel* Classification of Corrosion Processes. In: *Corrosion Metal/Environment Reactions*. Bd. 1. 3. Butterworth Heinemann, 1994

[27] Oesterle, G.: *Prozessanalytik*. Oldenbourg Verlag, 1995

[28] Beck, J.; Lvov, S.; Fedkin, M.; Ziomek-Moroz, M.; Holcomb, G.; Tylczak, J.; Alman, D.: Electrochemical System to Study Corrosion of Metals in Supercritical CO_2 Fluids. In: *Corrosion, Nace, Houston, 13-17 März* (2011)

[29] Heitmann, H.-G.: *Chemie und Korrosion in Kraftwerken*. Vulkan Verlag Essen, 2000

[30] Wendler-Kalsch, E.; Gräfen, H.: *Korrosionsschadenkunde*. Springer, 1998

[31] Neroth, G.; Vollenschaar, D.: *Wenedhorst Baustoffkunde*. Vieweg+Teubner, 2011

[32] Ilschner, B.; Singer, R.F.: *Werkstoffwissenschaften und Fertigungstechnik*. Springer, 2005

[33] Bargel, H.-J.; Cardinal, P.; Hilbrans, H.; Hübner, K.-H.; Schulze, G.; Wurzel, G.; Bargel, Hans-Jürgen (Hrsg.); Schulze, Günter (Hrsg.): *Werkstoffkunde*. VDI Verlag, 1994

[34] Vannenberg, N.; Sydberger, T.: Reaction between SO_2 and wet metal surfaces. In: *Corrosion Science* 10 (1970), Nr. 1, S. 43–49

[35] Schikorr, G.: Über den Mechanismus des atmosphärischen Rostens des Eisens. In: *Werkstoffe und Korrosion* 2 (1963), S. 69–80

[36] Evans, U.R.: *An Introduction to Metallic Corrosion*. Edward Arnold, 1981

[37] Kaesche, H.: *Die Korrosion der Metalle*. Springer Verlag, 1990

[38] Sequeira, C. A. C.: High-Temperature Oxidation. In: Revie, R. W. (Hrsg.): *Uhlig's Corrosion Handbook, Third Edition*. Third Edition. John Wiley & Sons, Inc., 2011

[39] Kaesche, H.: Elektrochemische Merkmale der atmosphärischen Korrosion. In: *Werkstoffe und Korrosion* 5 (1964), S. 379–389

[40] Barton, K.; Beranek, E.: Über kinetische Beziehungen zwischen beschleunigter und natürlicher atmosphärischer Korrosion. In: *Werkstoffe und Korrosion* 5 (1960), S. 348–351

[41] Meadowcroft, D. B.; Cox, W. M.; Holmes, D. R. (Hrsg.): *Kapitel* 2. In: *Dewpoint corrosion: mechanisms and solutions.* Ellis Horwood, 1985, S. 17–34

[42] Najera, G.: Maintenance techniques proven on CO_2 line. In: *Oil & Gas Journal* November 17 (1986), S. 55–57

[43] Seiersten, M.: Material selection for separation, transportation and disposal of CO_2. In: *Proceedings Corrosion 2001, National Association of Corrosion Engineers, paper 01042.* 2001

[44] IPCC; Metz, Bert (Hrsg.); Davidson, Ogunlade (Hrsg.); Coninck, Heleen de (Hrsg.); Loos, Manuela (Hrsg.); Meyer, Leo (Hrsg.): *IPCC Special Report on Carbon Dioxide and Storage. Prepared by Working Group III of the Intergovernmental Panel on Climate Change.* Cambridge University Press, Cambridge, United Kingdom and New York, NY, USA, 2005

[45] Pipitone, G.; Bolland, O.: Power generation with CO_2 capture: Technology for CO_2 purification. In: *International Journal of Greenhouse Gas Control* 3 (2009), Nr. 5, S. 528 – 534. – ISSN 1750–5836

[46] Havens, K.: Co-H_2O Transportation. In: *Indiana Center for Coal Technology Research.* 2008

[47] Russick, E. M.; Poulter, G. A.; Adkins, C. L. J.; Sorensen, R.: Corrosive Effects of Supercritical Carbon Dioxide and Cosolvents on Metals. In: *The Journal of Supercritical Fluids* 9 (1996), Nr. 1, S. 43 – 50

[48] Propp, W. A.; Carleson, T. E.; Wai, C. M.; Taylor, P. R.; Daehling, K. W.; Huang, S.; Abdel-Latif, M.: Corrosion in Supercritical Fluids. In: *US Department of Energy Report DE96014006* (1996)

[49] Fradet, A.; Broutin, P.; Odru, P.; Saysset, S.; Ruer, J.; Girod, L.: Technical and economical assessment of CO_2 Transportation. In: *Journal of Pipeline Engineering* 6 (2007)

[50] Schrempf, F. W.; Roberson, G. R.: Effect of Supercritical Carbon Dioxide (CO_2) on Construction Materials. In: *SPE Journal* 15 (1975), Nr. 3, S. 227–233

[51] Sun, Y.; Hong, T.; Bosch, C.: Carbon Dioxide Corrosion in Wet Gas Annular Flow at Elevated Temperature. In: *Corrosion* 59 (2003), Nr. 8, S. 733–740

[52] de Visser, E.; Hendriks, C.; Barrio, M.; Mølnvik, M. J.; de Koeijer, G.; Liljemark, S.; Gallo, Y. L.: Dynamis CO_2 quality recommendations. In: *International Journal of Greenhouse Gas Control* 2 (2008), Nr. 4, S. 478 – 484. – ISSN 1750–5836

[53] Cui, Z. D.; Wu, S. L.; Zhu, S. L.; Yang, W. J.: Study on corrosion properties of pipelines in simulated produced water saturated with supercritical CO_2. In: *Applied Surface Science* 252 (2006), S. 2368–2374

[54] Choi, Y.-S.; Nesic, S.: Determining the corrosive potential of CO_2 transport pipeline in high pCO_2 water environments. In: *International Journal of Greenhouse Gas Control* 5 (2011), Nr. 4, S. 788 – 797. – ISSN 1750–5836

[55] Thodla, R.; Francois, A.; Sridhar, N.: Materials performance in supercritical CO_2 environments. In: *Corrosion 2009, Nace International, Atlanta* (2009)

[56] Grail, B. P. M.; Schaef, H. T.; Glezakou, V.-A.; Dang, L. X.; Owen, A. T.: Water Reactivity in the Liquid and Supercritical CO_2 Phase: Has Half the Story Been Neglected. In: *Energy Procedia* 1 (2009), S. 3415–3419

[57] Choi, Y.-S.; Nesic, S.; Young, D.: Effect of Impurities on the Corrosion Behavior of CO_2 Transmission Pipeline Steel in Supercritical CO_2-Water Environments. In: *Environmental Science & Technology* 44 (2010), Nr. 23, S. 9233–9238

[58] Choi, Y-S.; Nesic, S.: Effect of Water Content on the Corrosion Behaviour of Carbon Steel in Supercritical CO_2 Phase with Impurities. In: *Corrosion, Nace, Houston, 13-17 März* (2011)

[59] Dugstad, A.; Morland, B.; Clausen, S.: Corrosion of transport pipelines for CO_2-effect of water ingress. In: *Energy Procedia* 4 (2011), S. 3063–3070

[60] Dugstad, A.; Mroland, B.; Halseid, M.; Clausen, S.: Corrosion in Dense Phase CO_2 Pipelines –Three Reasons for Concern. In: *6th Trondheim CCS Conference.* 2011

[61] Wegerich, S.: *Experimentelle Untersuchungen zum Verbrennungsverhalten und zur NOx- Entstehung bei der Verbrennung von Kohlenstaub in einer O_2/CO_2-Atmosphäre*, Technische Universität Hamburg-Harburg, Diss., 2010

[62] Fischer-Rosemount MFG GmbH: *Betriebsanleitung Serie 100-1.* 2001

[63] Sick Maihak GmbH: *Betriebsanleitung Sidor.* 2006

[64] Lethier, S.; Deveaux, M.; Galtie, B.; Poli, L.; Bonis, M.; Pedeprat-Lamechinou, B.; Boiarsky, A.; Quet, JP.; Bouvarel, A.: Lacq CCS pilot plant: Operational feedback of the surface facilities one year after start-up. In: *IEAGHG, 2nd Oxyfuel Combustion Conference.* 2011

[65] Köpke, D.; Eggers, R.: Phase Equilibria Measurements and Their Application for the CO_2 Separation from CO_2 Rich Gases. In: *IEAGHG International Oxy-Combustion Network, Yokohama Japan, 5. und 6. März.* 2008

[66] Span, R.; Wagner, W.: A new equation of state for carbon dioxide covering the fluid region from the triple-point temperature to 1100 K at pressures up to 800 MPa. In: *Journal of Physical and Chemical Reference Data* 25 (1996), Nr. 6, S. 1509–1596

[67] Buit, L.; Ahmad, M.; Mallon, W.; Hage, F.: CO_2 EuroPipe study of the occurrence of free water in dense phase CO_2 transport. In: *Energy Procedia, GHGT-10* 4 (2010), S. 3056–3062

[68] Müller, Y.: *Eigenschaften anodischer Oxidschichten auf Titan*, ETH Zürich, Diss., 2002

[69] Cornell, R. M.; Schwertmann, U.: *The Iron Oxides: Structure, Properties, Reactions, Occurrences and Uses.* Wiley-VCH, 2003

[70] Allam, I. M.; Arlow, J. S.; Saricimen, H.: Initial Stages of Atmospheric Corrosion of Steel in the Arabian Gulf. In: *Corrosion Science* 32 (1991), Nr. 4, S. 417–432

[71] Xiang, Y.; Wang, Z.; Xu, C.: Impact of SO_2 concentration on the corrosion rate of X70 steel and iron in water-saturated supercritical CO_2 mixed with SO_2. In: *Journal of Supercritical Fluids* 58 (2011), S. 286–294

[72] Tsukahara, H.; Ishida, T.; Mayumi, M.: Gas-phase oxidation of nitric oxide: chemical kinetics and rate constant. In: *Nitric Oxide* 3 (1999), Nr. 3, S. 191,198

[73] White, V.; Allam, R.; Miller, E.: *Purification of Oxyfuel-Derived CO_2 for Sequestration or EOR*. 8th International Conference on Greenhouse Gas Technologies, 2006

[74] Torrente-Murciano, L.; White, V.; Petrocelli, F.; Chadwick, D.: Study of individual reactions of the sour compression process for the purification of oxyfuel-derived CO_2. In: *International Journal of Greenhouse Gas Control* 5, Supplement 1 (2011), Nr. 0, S. S224–S230. – ISSN 1750–5836

[75] Louie, D. K.: *Handbook of Sulfuric Acid Manufacturing*. DKL Engineering Inc., 2005

[76] Müller, M.: Freisetzung und Einbindung von Alkalimetallverbindungen in kohlebefeuerten Kombikraftwerken. In: *Schriften des Forschungszentrums Jülich, Reihe Energie & Umwelt* 34 (2009)

[77] Tanthapanichakoon, W.; Veawab, A.: Polarization Behavior and Performance of Inorganic Corrosion Inhibitors in Monoethanolamine Solution Containing Carbon Dioxide and Heat-Stable Salts. In: *Corrosion* 61 (2005), Nr. 4

[78] Song, K. Y.; Kobayashi, R.: Water Content of CO_2 in Equilibrium With Liquid Water and/or Hydrates. In: *SPE Formation Evaluation* 4 (1987), Nr. 4, S. 500–508

[79] Wegst, C. W.; Wegst, M.: *Stahlschlüssel*. Marbach: Stahlschlüssel Wegst, 2007

A. Anhang

Tabelle 8: Zusammensetzung der in der Arbeit untersuchten Werkstoffe in Gewichtsprozent mit Angabe des Minimums und Maximums; bei Angabe von nur einem Wert ist das Minimum immer 0 % nach [79]

Werkst.-Nr.	Kurzname	C	Si	Mn	P	S	Al	Cr	Cu	Mo	N	Nb	Ni	Ti	V
10.484	L290NB	0,17	0,4	1,2	0,03	0,02	0,015-0,06	0,3	0,25	0,1	0,01	0,05	0,3	0,04	0,05
10.582	L360NB	0,2	0,45	1,6	0,03	0,02	0,015-0,06	0,3	0,25	0,1	0,12	0,05	0,3	0,04	0,1
18.977	L485MB	0,16	0,45	1,7	0,03	0,02	0,015-0,06	0,3	0,25	0,1	0,01	0,06	0,3	0,06	0,1
11.018	Weicheisen	0,03	0,05	0,2	0,03	0,02	0,04-0,10								
14.313	X3CrNiMo13-4	0,05	0,07	1,5	0,04	0,15		12,00-14,00		0,30-0,70	0,02		3,50-4,50		
14.542	X5CrNiCuNb16-4	0,07	1	1	0,05	0,03		15,00-17,00	3,00-5,00			0,15-0,45	3,00-5,00		
14.006	X12Cr13	0,08-0,15	1	1,5	0,04	0,15		11,50-13,50					0,75		
37.165	Ti-Al6-V4						5,50-6,75							Rest	3,50-4,50

Lebenslauf

Persönliche Daten

Name:	Paschke
Vorname:	Benedikt
Geburtstag:	06. Dezember 1983
Geburtsort:	Berlin

Schulischer Werdegang

08/1990 - 07/1994	Grundschule, Melsdorf
08/1994 - 06/2003	Gymnasium, Kiel

Studium

10/2003 - 09/2008	Studium des Maschinenbaus Rheinisch-Westfälische Technische Hochschule Aachen Abschluss: Diplom Ingenieur
04/2006 - 10/2010	Wirtschaftswissenschaftliches Zusatzstudium Rheinisch-Westfälische Technische Hochschule Aachen Abschluss: Diplom Wirtschaftsingenieur

Beruflicher Werdegang

11/2008 - 12/2012	Wissenschaftlicher Mitarbeiter Technische Universität Hamburg-Harburg Institut für Energietechnik
Seit 01/2013	Projektmanager Projektentwicklung/Vertrieb HOCHTIEF Energy Management GmbH